経営に活かす
微分積分
基礎からPythonを
用いた応用まで

Calculus for Business Administration

岩城秀樹・岩澤佳太〔著〕

共立出版

はじめに

　近年，機械学習やAI（人工知能）の進展によって，科学的根拠・エビデンスに基づく経営意思決定が重視されている。それにより，経営戦略論，組織論，人事・労務管理論，マーケティング，会計学，ファイナンスといった経営学における諸専門分野においても，数理的アプローチやデータ分析の素養を身に付けることが必要不可欠となりつつある．本書は，それに先立ち，上記分野への応用を目的とした数学的基礎知識のうち，「微分・積分」を扱うテキストである．

　本書を出す発端は，著者らの勤務する東京理科大学経営学部経営学科では，1年次において「微分・積分」，「線形代数」を学習し，3年次から各教員の研究室に所属して，専門についてゼミナールで学習していくのであるが，その際に求められる基礎的な「微分・積分」，「線形代数」といった数学の知識が身に付いていないことが，ここ数年来，教員間で問題視されていて，この問題の解決のために数学教育改善検討ワーキング・グループを立ち上げたことにある．このワーキング・グループでは，当経営学科所属全教員に対してアンケート調査を行い，経営学専門教育に必要な「微分・積分」，「線形代数」で学ぶべき事項を洗い出したうえで，それらをどのようにしてしっかりと身に付けさせるかについて議論を行った．その過程で，経営学科に入学した学生が，1年次で「微分・積分」や「線形代数」を学ぶ際，何故，それらを学習する必要があるのかがわからず，動機付けされていないことが主たる要因であるということになった．また，高校以前において経営学は，未だ文系と分類されており，大多数の私立大学経営学部の場合，大学入学の際に，数学を選択せずに入学できてしまうことにも一因がある．東京理科大経営学部経営学科の場合，一般入試では，数学ⅡBまでを受験科目としているが，過半数の学生が文系であり，際立って数学を得意としているわけではない．

iv　　はじめに

　そこで，先のワーキング・グループでは，数学学習の動機付けを与えるような経営学での応用ケース事例を盛り込みながら，必要な基礎的な数学の知識が身に付くコアとなるテキストを作成しようということになった．

　本書は，「微分・積分」の学習において，冒頭に述べた経営学諸分野への応用力涵養を目的としている．各章のはじめで，「導入ケース」として，学習事項に関連した経営上の事例を問題提起的に取り上げた上で，必要となる数学事項を学習することで，導入ケースの解決策を考えるという構成になっている．さらに章末において，経営学および関連領域での応用例を示し，本書で扱う微分・積分の知識が経営学の諸領域にどのような繋がりをもって応用されているのかを例示していくことによって，学習者の動機付けを促している．

　また，本書では，Python SymPy コードを用いた演習例と問を随所に配置している．Python SymPy ライブラリは，記号演算を目的とする Python ライブラリである．他に類似の記号演算ソフトとしては，Mathmeatica, Maxima, Matlab などがあるが，今日の機械学習や AI において最も多く使われているプログラミング言語である Python に慣れ親しむことを考慮して，Python SymPy ライブラリを採用した．Python SymPy ライブラリをはじめて使う場合でも，まずは，付録に目を通したうえで，第 1 章から読み進めていけば，使えこなせるようになるようにしている．

　Python SymPy ライブラリを使う目的は，文系に分類されている経営学部生にとっては，理系大学教養レベルでの微分・積分の手計算を中心とした演習方法は適当ではなく，むしろ，このことが苦手意識を助長してしまうように見受けられ，手計算による計算・演算力よりも計算・演算は Python SymPy で行い，「どのような計算を行わせれば，どのような結果が得られるのか」という論理的思考力の涵養が重要と考えたからである．また，このことは，今後，実社会において，AI を活用して行く上でも必要な体験となると考えられるからである．

　なお，本書記載の Python コード実行においては，Google Colab

https://colab.research.google.com/

を使用することをお勧めする．それは，Google Colab には生成 AI の Gemini が実装されており，Gemini に問い合わせれば，必要となるスクリプトの作成を行える上に，タイプ・ミスや構文入力ミスなどで Error が出て途中で停止

した場合も，Error 箇所の指摘とともに，Gemini に問い合わせれば，Error 訂正をしてくれるからである．初心者の場合，簡単なタイプ・ミスなどの入力ミスでも，そのエラーも見つけて訂正するのに苦労して，中断，放棄しかねない．しかし，Gemini に頼ればこの苦労を払拭して，独力でこうしたエラーを修復して先に進めることができる．大いに活用していただきたい．

　本書を読む上で，初読の際に少し難しいと思われる箇所については，*を付記した．これらの箇所は，読み飛ばしていただいても他の箇所を読む上では差し支えないと思われる．また，本書内の演習，問と練習問題の解答例については，

$$\text{https://github.com/Hideki-Iwaki-TUS/CalculusText.git}$$

に公開している．必要に応じて参照して欲しい．

　本書の執筆にあたり，東京理科大学経営学科数学教育改善ワーキング・グループ・メンバーであった，椿美智子教授と井出野尚教授に加えて，同経営学科の佐藤治教授には，本書の隅々まで目を通していただき，有益なコメントをいただいた．また，共立出版の石井徹也氏と松永立樹氏にも，本書企画から校正にいたるまで多くの貴重な助言をいただいた．この場を借りて厚くお礼申し上げる．もちろん改めて言うまでもなく，本書中の誤りなどは著者の責任にある．

　本書が先に述べた目的に叶うことを切に願っている．

目　次

第1章　数列　1

1.1　数列とは ……………………………………………………… 2
1.2　数列の和 ……………………………………………………… 9
1.3　数列の極限 …………………………………………………… 15
1.4　級数 …………………………………………………………… 33
1.5　会計・ファイナンスへの応用 ……………………………… 37
　　1.5.1　金利計算　37
　　1.5.2　将来価値，現在価値，割引率　41
　　1.5.3　債券評価　45
　　1.5.4　現在価値と設備投資の意思決定　48
　　1.5.5　等比級数を用いた企業価値評価と永続価値　52
　　練習問題 ………………………………………………………… 54

第2章　関数　57

2.1　関数とその性質 ……………………………………………… 58
2.2　中間値の定理と最大値・最小値の定理* …………………… 73
2.3　指数関数と対数関数 ………………………………………… 76
2.4　マーケティングへの応用：広告効果の分析 (1) …………… 82
2.5　ファイナンスへの応用：連続複利利子率 ………………… 84
　　練習問題 ………………………………………………………… 85

第3章　微分法　　87

3.1　微分 ………………………………………………………………… 88

3.2　合成関数と逆関数の微分法 ………………………………………… 98

3.3　高次導関数 …………………………………………………………… 102

3.4　関数の性質 …………………………………………………………… 104

3.5　テーラー展開 ………………………………………………………… 121

3.6　会計学への応用：コストのトレードオフ分析 …………………… 124

3.7　ファイナンスへの応用：デュレーションとコンベクシティ …… 128

練習問題 …………………………………………………………………… 131

第4章　多変数関数と偏微分　　133

4.1　多変数関数 …………………………………………………………… 134

4.2　偏微分法 ……………………………………………………………… 138

4.3　全微分 ………………………………………………………………… 144

4.4　マーケティングへの応用：テーマパークのマーケティング戦略 153

4.5　経済学への応用：限界効用と限界代替率 ………………………… 156

練習問題 …………………………………………………………………… 157

第5章　積分　　159

5.1　定積分 ………………………………………………………………… 160

5.2　定積分の性質 ………………………………………………………… 163

5.3　不定積分 ……………………………………………………………… 166

5.4　置換積分と部分積分 ………………………………………………… 171

5.5　定積分の定義の拡張 ………………………………………………… 175

5.6　重積分 * ……………………………………………………………… 180

5.7　重積分の変数変換 * ………………………………………………… 185

5.8　マーケティングへの応用：広告効果の分析 (2) ………………… 190

5.9　統計学への応用 ……………………………………………………… 191

練習問題 …………………………………………………………………… 195

付録 Python基本操作：起動〜終了　197

A.1　起動 ……………………………………………………… 197
A.2　Pythonによる数式処理 …………………………………… 198
A.3　保存と終了 ………………………………………………… 206
A.4　保存ファイルの読み込み ………………………………… 207
A.5　マニュアルとリンク ……………………………………… 207

参考書籍　209

索　引　211

第 1 章
数列

　数に順番を付けて並べてたものを数列という．一定期間ごとの銀行預金の預金残高や毎月のローンの支払額を並べたものなども数列とみなせる．この章では，数列の基本的な性質について学ぶ．

【導入ケース】設備投資の意思決定

　X 社の工場長であるあなたは，主力製品 Y について，将来的な需要の増大化が見込まれると報告を受けていた．そこでこれに対応するため，新規で設備投資を行うことで生産能力の強化を計画している．関係部署や取引先に見積を依頼したところ表 1.1 の 2 案の提案を受けた．投資案 A は，現在の生産ラインに新規設備を補強することで生産能力を向上させる案であり，投資案 B は，新たにもう 1 つ生産ラインを立ち上げる大規模な案である．予算的制約からどちらかの案しか採用できないが，どちらも大きな投資となるため，確固たる根拠をもって社長に提案する必要があった．

　こうした分析で役立つのが本章で学習する数列である．数列を用いることで，設備投資案がどの程度の価値をもたらすのかを計算することができる．どのように活用すべきか想像しながら学習していこう．分析例は 1.5 節で解説する．

表 1.1　増産のための 2 つの設備投資案

投資案	投資案 A： 現在の生産ラインの補強	投資案 B： 新規生産ラインの立上げ
設備投資額	850 万円	2,800 万円
設備の耐用年数	3 年	5 年
投資により得られる 利益（キャッシュ）	350 万円/年	600 万円/年
耐用年数経過後 の 設備の残存価値	50 万円	100 万円

2　第 1 章　数列

学習ポイント

☑ 等差数列と等比数列について理解し，それらの和が求められる．
☑ 数列の収束と発散について理解する．
☑ ネイピア数 e について理解する．
☑ 級数について理解する．

1.1　数列とは

順番を付けて並べた数の集合を**数列**という．

例 1.1　（元金と元利合計）　　元金に対して，例えば，半年あるいは 1 年を
1 期間として，1 期間ごとに利息が付く預金を考える．このとき，元金を P_0，
$n\,(n = 1, 2, \cdots)$ 期間後の元利合計を P_n として，各期末の元利合計を順番に
並べると

$$P_0,\; P_1,\; P_2,\; P_3, \cdots$$

という数列となる．

定義 1.1　（数列の一般項）

(1) $a_n\,(n = 0, 1, 2, \cdots)$ を実数として，数列を

$$a_0,\; a_1,\; a_2,\; a_3, \cdots \tag{1.1}$$

とする．このとき，a_n は数列 (1.1) の各項を一般的に表わしているので，
a_n を**一般項**と呼び，数列 (1.1) を $\{a_n : n = 0, 1, 2, \cdots\}$，$\{a_n\}$ などで
表わす．

(2) 数列 $\{a_n : n = 0, 1, 2, \cdots\}$ において，最初の項 a_0 を**初項**といい，
$k\,(k = 1, 2, \cdots)$ 番目の項 a_k を**第 k 項**という[1]．

定義 1.2　（等差数列）　　数列 $\{a_n : n = 0, 1, 2, \cdots\}$ において，隣り合う 2
つの項の差が一定であるとき，すなわち，d を定数として，

$$a_{n+1} - a_n = d \tag{1.2}$$

---

[1] 教科書によっては，第 1 項を初項と呼ぶ場合があるが，本書では，第 0 項を初項とす
る．

を満たすとき，$\{a_n\}$ を**等差数列**といい，d をその**公差**という．

(1.2) で初項を $a_0 = a$ とすると，

$$a_1 = a_0 + d = a + d,$$
$$a_2 = a_1 + d = a + 2d,$$
$$a_3 = a_2 + d = a + 3d,$$
$$\vdots$$

であるから，初項 a，公差 d の等差数列の一般項は，次の公式で与えられる．

公式 1.1 （等差数列の一般項）

$$a_n = a + nd. \tag{1.3}$$

例 1.2 （等差数列）

初項	公差	一般項	数列
$a = 3$	$d = 2$	$a_n = 3 + 2n$	$\{3,\ 5,\ 7,\ 9,\ \cdots\}$
$a = 5$	$d = -3$	$a_n = 5 - 3n$	$\{5,\ 2,\ -1,\ -4,\ \cdots\}$

Python 操作法 1.1 （SymPy ライブラリのインポートと記号の定義）

Python では，文字式や記号を含む演算は，SymPy ライブラリをインポートして行う．SymPy ライブラリのすべてのオブジェクトを使えるようにするには，

```
from sympy import *
```

として，SymPy ライブラリをインポートする．

また，文字変数や記号は，SymPy ライブラリをインポートした後，

```
var('x')
var('x1,x2, ...,xn')
```

あるいは，

4　第 1 章　数列

```
x = symbols('x')
x1,x2,...,xn = symbols('x1,x2,...,xn')
```

というように定義した上で用いる[2].　ただし，アルファベットの O，S，I，
N，E，Q などは特別な意味をもつ記号としてあらかじめ定義されているので，
これらを使わないように注意が必要である.

　　var と symbols の違いは，var は一度定義すると，スクリプト全体で使用
されるのに対して，symbols は，関数[3] 内だけというように局所的に用いる
ことができるということである.　また，a から z までの記号を用いる場合，
'a:z' というように省略できる.　　　　　　　　　　　　　　　　　　　■

Python 操作法 1.2 （数列の作成 sympy.SeqFormula）

　　SymPy ライブラリの sympy.SeqFormula を使うと簡単に数列を作ること
ができる.

　　初項 1，公差 2 の等差数列を作るには，

```
from sympy import *
```

として SymPy ライブラリを読み込んだ後，

```
var('n')
SeqFormula(1+2*n)
```

とする.

　　この後，一般項を取り出すには，.formula メソッド[4] を使って，

```
SeqFormula(1+2*n).formula
```

とする.

---

　[2] 'x1,x2,...,xn' における文字列の区切りはカンマ (,) に代えて半角のスペースでも
　　良い.
　[3] Python 操作法 A.5（関数）参照.
　[4] Python のオブジェクトにあらかじめ付与されている属性を取り出す方法.「オブジェ
　　クト名. 属性」として用いる. いまの場合，オブジェクト SeqFormula() 内の属性とし
　　て，formula で定義されている一般項を SeqFormula().formula として取り出してい
　　る.

数列の第 1 項から第 m 項までを取り出すには，スライシング[5] を使って次のようにする．

```
SeqFormula(1+2*n)[1:m+1]
```

∎

▶**演習 1.1.**　例 1.2 の各数列を `sympy.SeqFormula` を使って作成して，一般項と初項から第 3 項までを求めてみよう．

演習 1.1 解答例

```
from sympy import *
var('n')

print('(1)')
a = 3; d = 2
a_n = SeqFormula(a+d*n)
print('初項 =',a,'公差 =',d)
print('一般項'); display(a_n.formula)
print('数列'); display(a_n[0:4])

print('(2)')
a = 5; d = -3
a_n = SeqFormula(a+d*n)
print('初項 =',a,'公差 =',d)
print('一般項'); display(a_n.formula)
print('数列'); display(a_n[0:4])
```

(1)
初項 = 3 公差 = 2
一般項
$2n + 3$
数列
 [3, 5, 7, 9]

(2)
初項 = 5 公差 = -3
一般項

---

[5] Python 操作法 A.7（リストのインデックスとスライシング）参照.

6   第 1 章 数列

$5 - 3n$
数列
[5, 2, -1, -4]   □

Python 操作法 1.3 （処理結果の表示 display）

Python での処理結果の表示は，標準では print であるが，これだと，例えば，等差数列の一般項 $a + nd$ を print(a+n*d) とすると結果は，a+n*d というように，キーボードからの入力形式で表示される．一方，display(a+n*d) とすると，$a + dn$ と綺麗に表示できる．必要に応じて適宜使い分けてほしい．
■

Python 操作法 1.4 （有理数（分数）の生成 sympy.Rational）

例えば，1/3 と入力すると，Python では，浮動小数 $0.3333\cdots$ となり，以後，浮動小数として扱われる．SymPy ライブラリの sympy.Rational を用いると，有理数（分数）として処理できる．p/q を有理数として扱うには，SymPy ライブラリを読み込んだ場合，

```
Rational(p, q)
```

とすればよい．なお，分母 q を省略すると分母 = 1 とみなされる．また，分母 q を省略して，分子 p に浮動小数点数を渡すと，分数に変換する．ただし，分子が有限桁の 2 進数で表せない場合，予期した結果とならない．この場合，分子の指定において 'p' というように文字列型にして渡すと上手く変換する．
■

問 1.1　次の初項 a と公差 d をもつ等差数列の一般項，および最初の 4 項を求めよ．

(1)　$a = -1,\ d = 2$.

(2)　$a = 0,\ d = -2$.

(3)　$a = \frac{2}{3},\ d = \frac{1}{3}$.

定義 1.3　（等比数列）　数列 $\{a_n\}$ において，隣り合う 2 つの項の比が一定であるとき，すなわち，r を定数として，

$$a_{n+1} = r \times a_n \tag{1.4}$$

を満たすとき，$\{a_n\}$ を**等比数列**といい，r をその**公比**という．

等比数列 (1.4) において初項を $a_0 = a$ とすると，

$$a_1 = ra_0 = ar$$
$$a_2 = ra_1 = ar^2$$
$$a_3 = ra_2 = ar^3$$
$$\vdots$$

であるから，初項 a，公比 r の等比数列の一般項は，次の公式で与えられる．

公式 1.2 （等比数列の一般項）

$$a_n = ar^n. \tag{1.5}$$

例 1.3 （等比数列）

初項	公比	一般項	数列
$a = 3$	$r = 2$	$a_n = 3 \times 2^n$	$\{3, 6, 12, 24, \cdots\}$
$a = 3$	$r = 0.5$	$a_n = 3 \times 0.5^n$	$\{3, 1.5, 0.75, 0.375, \cdots\}$
$a = 3$	$r = -2$	$a_n = 3 \times (-2)^n$	$\{3, -6, 12, -24, \cdots\}$
$a = 3$	$r = -0.5$	$a_n = 3 \times (-0.5)^n$	$\{3, -1.5, 0.75, -0.375, \cdots\}$

▶**演習 1.2.** 例 1.3 の各数列を Python で求めてみよう．

演習 1.2 解答例

```python
from sympy import *
var('n')

a = 3; r = 2
a_n = SeqFormula(a*r**n)
print('初項', a,',', '公比', r,',','一般項')
display(a_n.formula)
print('数列'); display(a_n)
```

8 第 1 章 数列

```
a = 3; r = 0.5
a_n = SeqFormula(a*r**n)
print('初項', a,',', '公比', r,',',' 一般項')
display(a_n.formula)
print('数列'); display(a_n)

a = 3; r = -2
a_n = SeqFormula(a*r**n)
print('初項', a,',', '公比', r,',',' 一般項')
display(a_n.formula)
print('数列'); display(a_n)

a = 3; r = -0.5
a_n = SeqFormula(a*r**n)
print('初項', a,',', '公比', r,',',' 一般項')
display(a_n.formula)
print('数列'); display(a_n)
```

初項 3 , 公比 2 , 一般項
$3 \cdot 2^n$
数列
　[3,6,12,24,...]

初項 3 , 公比 0.5 , 一般項
$3 \cdot 0.5^n$
数列
　[3,1.5,0.75,0.375,...]

初項 3 , 公比 -2 , 一般項
$3(-2)^n$
数列
　[3,-6,12,-24,...]

初項 3 , 公比 -0.5 , 一般項
$3(-0.5)^n$
数列
　[3,-1.5,0.75,-0.375,...] □

問 1.2 次の初項 a, 公比 r の等比数列の一般項と最初の 4 項を求めよ.

(1)　$a = 2,\ r = 3$.

(2)　　$a = 2,\ r = \frac{1}{3}$.

(3)　　$a = 2,\ r = -1$.

1.2　数列の和

定義 1.4　（Σ 記号）　　数列 $\{a_n\}$ の第 l 項から第 m 項までの和

$$a_l + a_{l+1} + a_{l+2} + \cdots + a_{m-1} + a_m.$$

を次のように表わす.

$$\sum_{k=l}^{m} a_k = a_l + a_{l+1} + \cdots + a_m{}^{6)}.$$

公式 1.3

n を任意の自然数として，記号 $\sum$ については次が成立する.

$$\sum_{k=0}^{n}(a_k \pm b_k) = \sum_{k=0}^{n} a_k \pm \sum_{k=0}^{n} b_k, \qquad 複号同順,$$

$$\sum_{k=0}^{n}(c \times a_k) = c\sum_{k=0}^{n} a_k, \qquad\qquad c は定数.$$

【証明】

$$\sum_{k=0}^{n}(a_k \pm b_k) = (a_0 \pm b_0) + (a_1 \pm b_1) + \cdots + (a_n \pm b_n)$$

$$= (a_0 + a_1 + \cdots + a_n) \pm (b_0 + \cdots + b_n)$$

$$= \sum_{k=0}^{n} a_k \pm \sum_{k=0}^{n} b_k,$$

$$\sum_{k=0}^{n}(c \times a_k) = ca_0 + ca_1 + \cdots + ca_n$$

---

6)　Σ（読みは Sigma）は，ギリシャ文字 σ（sigma と読む）の大文字でローマ字の S は，こらから派生した文字である．英語で和を **Summation** ということから，Σ を用いている.

$$= c(a_0 + a_1 + \cdots + a_n) = c \sum_{k=0}^{n} a_k.$$

□

1 から n までの自然数の和は，次の公式で与えられる．

公式 1.4（自然数の和）

$$\sum_{k=1}^{n} k = 1 + 2 + \cdots + n = \frac{n(n+1)}{2}.$$

【証明】

$$
\begin{aligned}
1 &= \frac{2\times 1}{2} &-& \frac{1\times 0}{2}, \\
2 &= \frac{3\times 2}{2} &-& \frac{2\times 1}{2}, \\
3 &= \frac{4\times 3}{2} &-& \frac{3\times 2}{2}, \\
&\vdots \\
n-1 &= \frac{n(n-1)}{2} &-& \frac{(n-1)(n-2)}{2}, \\
n &= \frac{(n+1)n}{2} &-& \frac{n(n-1)}{2}.
\end{aligned}
$$

辺々を加えると，

$$1 + 2 + \cdots + n = \frac{(n+1)n}{2} - \frac{1\times 0}{2}.$$

$$\therefore \quad \sum_{k=1}^{n} k = 1 + 2 + \cdots + n = \frac{n(n+1)}{2}.$$

□

Python 操作法 1.5 （数列の和 `sympy.summation` と `sympy.Sum`）

SymPy ライブラリには，数列の和を求める `sympy.summation` と `sympy.Sum` がある．これを用いれば，数列の和を求めることができる．

`summation(第i 項の式, (i, 1, m))`

と入力して実行すると，数列の第 1 項から `m` 項までの和を出力する．また，

```
Sum(a(i), (i, l, m))
```

とすると，$\sum_{i=l}^{n} a(i)$ という式を返す．$a(i)$ に具体的な式が入っている場合，

```
Sum(a(i), (i, l, m)).doit()
```

とすると，計算結果を返す． ■

Python 操作法 1.6 （式の簡略化 sympy.simplify と sympy.factor）

SymPy ライブラリを用いて，式を共通因子で括って因数分解する，分数を通分する，といったような式の簡略化を行う場合，最も簡単な方法は，sympy.simplify 用いて，

```
simplify(式)
```

とすることである．しかし，想定していた結果とならない場合もある．そのようなときには，例えば，因数分解を行うのであれば，それに特化した sympy.factor を用いて

```
factor(式)
```

とする[7]． ■

▶**演習 1.3.** SymPy を用いて，公式 1.4 と

$$\sum_{k=1}^{10} k = \frac{10 \times 11}{2} = 55$$

を確かめてみよう．

演習 1.3 解答例

```
from sympy import *
var('k n')
sum = summation(k, (k,1,n))
```

---

[7] SymPy ライブラリには，これ以外にも幾つかの簡略法がある．詳細は，SymPy のドキュメントを参照して欲しい．

```
display(sum)
display(simplify(sum))  #式の簡略化
summation(k, (k,1,10))
```

$$\frac{n^2}{2} + \frac{n}{2}$$

$$\frac{n(n+1)}{2}$$

55

`sympy.Sum` を使った場合

```
from sympy import *
var('k n')
sum = Sum(k, (k,1,n))
display(sum)
display(sum.doit())
display(simplify(sum.doit()))
Sum(k, (k,1,10)).doit()
```

$$\sum_{k=1}^{n} k$$

$$\frac{n^2}{2} + \frac{n}{2}$$

$$\frac{n(n+1)}{2}$$

55 □

初項 a，公差 d の等差数列 $\{a_k\}$ の初項から第 n 項までの和は次の公式で
与えられる．

公式 1.5（等差数列の和）

$$\sum_{k=0}^{n} a_k = \sum_{k=0}^{n} (a + kd) = \frac{(n+1)(2a+nd)}{2}.$$

【証明】

$$\sum_{k=0}^{n} (a + kd) = \sum_{k=0}^{n} a + \sum_{k=0}^{n} kd \qquad (\because 公式\ 1.3)$$

$$= (a + a + \cdots + a) + d(0 + 1 + \cdots + n)$$
$$= (n + 1)a + (1 + 2 + \cdots + n)d$$
$$= (n + 1)a + \frac{n(n + 1)}{2}d \quad (\because \ 公式 1.4（自然数の和）)$$
$$= \frac{(n + 1)(2a + nd)}{2}.$$

$\square$

例 1.4

$$\sum_{k=0}^{n}(2 + 3k) = \frac{(n + 1)(4 + 3n)}{2}.$$

▶**演習 1.4.** 公式 1.5（等差数列の和）と例 1.4 を SymPy で確かめてみよう.

演習 1.4 解答例

```
from sympy import *
var('a d k n')
sum_formula = Sum(a+d*k,(k,0,n))
display(sum_formula)
display(sum_formula.doit())
# factor を用いて因数分解する
display(factor(sum_formula.doit()))

sum = Sum(2+3*k,(k,0,n))
display(sum)
display(factor(sum.doit()))
```

$$\sum_{k=0}^{n}(a + dk)$$
$$a(n + 1) + d\left(\frac{n^2}{2} + \frac{n}{2}\right)$$
$$\frac{(2a + dn)(n + 1)}{2}$$
$$\sum_{k=0}^{n}(3k + 2)$$
$$\frac{(n + 1)(3n + 4)}{2}$$

$\square$

14   第 1 章 数列

問 1.3 問 1.1 の各数列について，初項から第 n 項までの和を求めよ．

初項 a，公比 r の等比数列 $\{a_k\}$ の初項から第 n 項までの和は次の公式で与えられる．

公式 1.6（等比数列の和）

$$\sum_{k=0}^{n} a_k = \sum_{k=0}^{n} ar^k = \begin{cases} a\dfrac{r^{n+1}-1}{r-1} = a\dfrac{1-r^{n+1}}{1-r}, & r \neq 1, \\ (n+1)a, & r = 1. \end{cases}$$

【証明】

$$\sum_{k=0}^{n} ar^k = a + ar + ar^2 + \cdots + ar^n$$
$$= a(1 + r + r^2 + \cdots + r^n).$$

よって，$r = 1$ の場合は，自明に与式が成立する．

一方，$r \neq 1$ の場合には，

$$\begin{aligned} r - 1 &= r - 1, \\ (r-1)r &= r^2 - r, \\ (r-1)r^2 &= r^3 - r^2, \\ &\vdots \\ (r-1)r^n &= r^{n+1} - r^n. \end{aligned}$$

辺々を加えて，

$$(r-1)(1 + r + r^2 + \cdots + r^n) = r^{n+1} - 1.$$

両辺を $r - 1$ で割ると，$1 + r + r^2 + \cdots + r^n = \dfrac{r^{n+1}-1}{r-1} = \dfrac{1-r^{n+1}}{1-r}$．

両辺に a を掛けると，与式が成立する． □

例 1.5

$$\sum_{k=0}^{n} 3\left(\frac{1}{2}\right)^k = 3\frac{1 - \left(\frac{1}{2}\right)^{n+1}}{1 - \frac{1}{2}} = 6\left(1 - \left(\frac{1}{2}\right)^{n+1}\right).$$

1.3 数列の極限 **15**

▶**演習 1.5.** 公式 1.6（等比数列の和）と例 1.5 を SymPy で確かめてみよう.

演習 1.5 解答例

```
from sympy import *
var('a:z')
geometric_sum = Sum(a*r**k, (k,0,n))
display(geometric_sum)
display(geometric_sum.doit())

a = 3; r = Rational(1,2)
summation(a*r**k, (k,0,n))
```

$$\sum_{k=0}^{n} ar^k$$

$$a\left(\begin{cases} n+1, & \text{for } r=1 \\ \frac{1-r^{n+1}}{1-r}, & \text{otherwise} \end{cases}\right)$$

$$6 - 6\left(\frac{1}{2}\right)^{n+1}$$

□

問 1.4 問 1.2 の各数列について，初項から第 n 項までの和を公式 1.6（等比数列の和）と Python を使って求めよ.

1.3 数列の極限

定義 1.5（単調数列） 数列 $\{a_n\}$ が

$$a_0 \leq a_1 \leq \cdots \leq a_{n-1} \leq a_n \leq \cdots \tag{1.6}$$

を満たすとき，$\{a_n\}$ は**単調増加数列**，あるいは略して**増加列**であるといい，

$$a_0 \geq a_1 \geq \cdots \geq a_{n-1} \geq a_n \geq \cdots \tag{1.7}$$

を満たすときには，**単調減少数列**，あるいは略して**減少列**であるという．増加列と減少列を総称して**単調数列**という．(1.6), (1.7) の不等号においてどの等号も成り立たない場合には，それぞれ**狭義増加列**，**狭義減少列**という．

16　第 1 章　数列

命題 1.1　数列 $\{a_n : n = 1, 2, 3, \cdots\}$ と数列 $\{b_n : n = 1, 2, 3, \cdots\}$ を

$$a_n = \left(1 + \frac{1}{n}\right)^n,$$
$$b_n = \left(1 + \frac{1}{n}\right)^{n+1}, \quad n = 1, 2, 3, \cdots$$

で定義したとき，$\{a_n\}$ は単調増加列，$\{b_n\}$ は単調減少列となる．さらに，$c_n = b_n - a_n$ とすると，$c_n > 0$ で $\{c_n : n = 1, 2, 3, \cdots\}$ は単調減少列となる．

【証明】 *

$$\left(1 + \frac{1}{n}\right)^{n+1} - \left(1 + \frac{1}{n+1}\right)^{n+1}$$
$$= \left(\frac{1}{n} - \frac{1}{n+1}\right) \sum_{k=0}^{n} \left(1 + \frac{1}{n}\right)^{k} \left(1 + \frac{1}{n+1}\right)^{n-k} \text{8)}. \tag{1.8}$$

この式を用いて題意が成立することを示す．はじめに，$\{a_n\}$ が単調増加列であることを示す．(1.8) 式右辺の和 $\displaystyle\sum_{k=0}^{n}$ を求めている項において，$\dfrac{1}{n+1}$ を $\dfrac{1}{n}$ で置き換えると，$\dfrac{1}{n+1} < \dfrac{1}{n}$ であるから，

$$\left(1 + \frac{1}{n}\right)^{n+1} - \left(1 + \frac{1}{n+1}\right)^{n+1} < \left(\frac{1}{n} - \frac{1}{n+1}\right) \sum_{k=0}^{n} \left(1 + \frac{1}{n}\right)^{n}$$
$$= \frac{n+1-n}{n(n+1)} (n+1) \left(1 + \frac{1}{n}\right)^{n}$$
$$= \frac{1}{n} \left(1 + \frac{1}{n}\right)^{n}.$$

最左辺第 2 項と最右辺をそれぞれ，最右辺と最左辺に移行すると，

---

8) 次の因数分解の公式を用いた．

$$(a^{n+1} - b^{n+1}) = (a - b) \times (a^n + a^{n-1}b + \cdots + b^n)$$
$$= (a - b) \sum_{k=0}^{n} a^k b^{n-k}.$$

$$\left(1+\frac{1}{n}\right)^{n+1} - \frac{1}{n}\left(1+\frac{1}{n}\right)^n < \left(1+\frac{1}{n+1}\right)^{n+1}.$$

ここで左辺は，

$$\left(1+\frac{1}{n}\right)^{n+1} - \frac{1}{n}\left(1+\frac{1}{n}\right)^n = \left(1+\frac{1}{n}-\frac{1}{n}\right)\left(1+\frac{1}{n}\right)^n = \left(1+\frac{1}{n}\right)^n$$

となることから，$a_n < a_{n+1}$ を得る.

次に，$b_n > b_{n+1}$ を示す. (1.8) 式右辺の和 $\displaystyle\sum_{k=0}^{n}$ を求めている項において，$\dfrac{1}{n}$ を $\dfrac{1}{n+1}$ で置き換えると，$\dfrac{1}{n} > \dfrac{1}{n+1}$ であるから，

$$\begin{aligned}
\left(1+\frac{1}{n}\right)^{n+1} - \left(1+\frac{1}{n+1}\right)^{n+1} &> \left(\frac{1}{n}-\frac{1}{n+1}\right)\sum_{k=0}^{n}\left(1+\frac{1}{n+1}\right)^n \\
&= \frac{n+1-n}{n(n+1)}(n+1)\left(1+\frac{1}{(n+1)}\right)^n \\
&= \frac{1}{n}\left(1+\frac{1}{n+1}\right)^n \\
&= \frac{1}{n}\left(1+\frac{1}{n+1}\right)^{n+1}\left(1+\frac{1}{n+1}\right)^{-1} \\
&= \frac{1}{n}\left(1+\frac{1}{n+1}\right)^{n+1}\frac{n+1}{n+2}.
\end{aligned}$$

ここで，$\frac{1}{n}\frac{n+1}{n+2} > \frac{1}{n+1}$ に注意すると[9]，

$$\left(1+\frac{1}{n}\right)^{n+1} - \left(1+\frac{1}{n+1}\right)^{n+1} > \frac{1}{n+1}\left(1+\frac{1}{n+1}\right)^{n+1}.$$

上式左辺第 2 項を右辺に移行して，

$$\begin{aligned}
\left(1+\frac{1}{n}\right)^{n+1} &> \left(1+\frac{1}{n+1}\right)^{n+1} + \frac{1}{n+1}\left(1+\frac{1}{n+1}\right)^{n+1} \\
&= \left(1+\frac{1}{n+1}\right)^{n+2}.
\end{aligned}$$

---

[9] $(n+1)^2 = n^2+2n+1 > n^2+2n = n(n+2)$. 両辺を $n(n+1)(n+2)$ で割ると所与の不等式を得る.

18　第 1 章　数列

よって，$b_n > b_{n+1}$ を得る.

　$c_n = b_n - a_n > 0 \ (n = 1, 2, 3, \cdots)$ かつ，$\{c_n\}$ が単調減少列であること
は，明らかである. 　　　　　　　　　　　　　　　　　　　　　□

Python 操作法 1.7　（点列グラフの作成 `sympy.plot` と sympy plot
　　　　　　　　　　　 backends）

　SymPy ライブラリには，関数グラフを簡単に描くための `sympy.plot` が
ある. これを用いて，例えば，数列 `{a_n: n=1, ... , 10}` のグラフ，すな
わち，座標点 `(1,a_1), ... ,(n, a_10)` の点列グラフを書くには，

```
plot(a_n, (n, 1, 10))
```

とする[10]. しかし，この結果は，すべての点列をつないだ曲線になってしま
う. これでも構わないが，点列のグラフを描くには，一度，

```
! pip install sympy_plot_backends[all]
```

として，sympy plot backends をインストールする. そして，その後，

```
from spb import *
```

として，sympy plot backends をインポートして，

```
plot(a_n, (n, 1, 10), nb_of_points=10, scatter=True)
```

とする[11].

　ここで，`nb_of_points=10` (n=10 と省略可) は，座標点の個数であり，こ
れと `scatter=True` を入れないと，点列を曲線で結んでしまうことに注意し
てほしい. ■

▶**演習 1.6.**　Python で命題 1.1 の $\{a_n : n = 1, 2, \cdots, 100\}$ と $\{b_n : n = 1, 2, \cdots, 100\}$ の図を同時に描いて，それらが，それぞれ，単調増加列，単調

---

10) `plot` を用いた関数グラフの描き方については，Python 操作法 2.1（`sympy.plot` を
　　使った関数グラフ）参照.
11) `sympy plot backends` は，一度インストールして，スクリプトを保存すれば，以降は，
　　インストールの必要はない. ただし，`spb` のインポートは，`sympy plot backends` 使
　　う際には必要となる.

減少列となること確かめてみよう．

演習 1.6 解答例

```
from sympy import *
from spb import *
var('n')

#一般項を定義
a_n=(1+1/n)**n ;  b_n=(1+1/n)**(n+1)

plot(a_n, b_n, (n,1,100), n=100, scatter = True, ylabel=' ')
```

この結果，描かれた図は，図 1.1. □

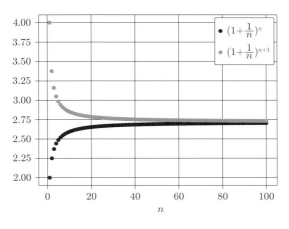

図 1.1 $\{a_n\}$ と $\{b_n\}$

注意 1.1. 同じ数列の範囲（演習 1.6 では，$n = 1, \cdots, 100$）であれば，

plot(1 番目の数列一般項, 2 番目の数列一般項, (n, 1,100))

というようにすれば，グラフを重ねて描いてくれる．なお，演習 1.6 解答例では，オプションとして，ylabel = ' 半角スペース' をつけている．これを付けないと，デフォルトで，y 軸ラベルに f(x) が書かれてしまう．一般に，y 軸ラベル，x 軸ラベルを変更するには，

xlabe='x 軸ラベル'， ylabe='y 軸ラベル'

20　第 1 章　数列

というように '　' 内に適当な文字列を書けば良い.

定義 1.6　（**数列の収束**）　　n が限りなく大きくなるとき，a_n の値がある定数 l に限りなく近づく，すなわち，n を限りなく大きくしたとき，a_n と l の差 $|a_n - l|$ が限りなく 0 に近づくならば，数列 $\{a_n\}$ は，l に**収束**するといい，このことを

$$\lim_{n \to \infty} a_n = l \quad \text{あるいは} \quad a_n \to l \ (n \to \infty)$$

と表わす．このとき，l を数列 $\{a_n\}$ の**極限**あるいは**極限値**という.

次に示すとおり，数列が収束するならば，その極限は，唯一である.

命題 1.2　　数列 $\{a_n\}$ の極限は，存在するとすれば，唯一である.

【証明】　　a と b を $\{a_n\}$ の極限とする．このとき，

$$0 \leq |a - b| = |a - a_n + a_n - b| \leq |a - a_n| + |a_n - b|$$

であるが，$|a_n - a| \to 0$, $|b_n - b| \to 0 \ (n \to \infty)$ であるから，$|a - b| = 0$. すなわち，$a = b$ である. □

定義 1.7　（**最小上界と最大下界**）　　数列 $\{a_n : n = 1, 2, 3, \cdots\}$ が与えられたとする.

(1)　　すべての $a_n \ (n = 1, 2, \cdots)$ に対して，$a_n \leq M$ となる数 M を数列 $\{a_n\}$ の**上界**という．上界 M が存在するとき，$\{a_n\}$ は**上に有界**であるという.

(2)　　すべての $a_n \ (n = 1, 2, \cdots)$ に対して，$a_n \geq m$ となる数 m を数列 $\{a_n\}$ の**下界**という．下界 m が存在するとき，$\{a_n\}$ は**下に有界**であるという.

(3)　　$\{a_n\}$ が上と下に有界であるとき，すなわち，すべての $a_n \ (n = 1, 2, \cdots)$ に対して，$|a_n| \leq M$ となる数 M が存在するとき $\{a_n\}$ は**有界**であるという.

(4)　　$\{a_n\}$ の上界の最小値を**最小上界**もしくは**上限**といい，これを $\sup\{a_n : n = 1, 2, 3, \cdots\}$ あるいは，$\displaystyle \sup_{n=1,2,3,\cdots} a_n$ で表わす.

(5)　　$\{a_n\}$ の下界の最大値を**最大下界**もしくは**下限**といい，これを $\inf\{a_n :$

$n = 1, 2, 3, \cdots \}$ あるいは，$\displaystyle\inf_{n=1,2,3,\cdots} a_n$ で表わす[12].

例 1.6

(1) 数列 $\{a_n = \frac{1}{n} : n = 1, 2, 3, \cdots \}$ は，上に有界で，1 以上の任意の実数が上界となり，最小上界は，1 である.

実際，$a_n = \frac{1}{n} \leq 1 \ (n = 1, 2, 3, \cdots)$ であり，a を 1 より小さな任意の実数とすると，$a < 1 = a_1$ となるから，$\displaystyle\sup_{n=1,2,3,\cdots} a_n = 1$ である.

(2) $\{a_n = \frac{1}{n} : n = 1, 2, 3, \cdots, \}$ は，下に有界で，0 以下の任意の実数が下界となり，最大下界は，0 である.

実際，$a_n = \frac{1}{n} > 0 \ (n = 1, 2, 3, \cdots)$ であり，0 より大きい任意の実数 ϵ に対して[13]，n を $n > \frac{1}{\epsilon}$ となる自然数とすると，$a_n = \frac{1}{n} < \epsilon$ となって ϵ は下界とならない. したがって，$\displaystyle\inf_{n=1,2,3,\cdots} a_n = 0$ である.

いまの場合，$\displaystyle\sup_{n=1,2,3,\cdots} a_n = 1 = a_1 = \max_{n=1,2,3,\cdots} a_n$，かつ，$\displaystyle\inf_{n=1,2,3,\cdots} a_n = 0 < a_n \ (n = 1, 2, 3, \cdots)$ が成り立つ. すなわち，最小上界は，数列 $\{a_n\}$ の最大値 a_1 であるが，最大下界は，最小値ではない.

> ⚠ **注意 1.2.** 例 1.6 からわかるように，一般に，最小上界と最大下界が存在していたとしても，それらが，最大値と最小値であるとは限らないことに注意してほしい. もっとも，自然数 N が与えられたとき，数列が有限個の項数 N からなる $\{a_n : n = 1, 2, \cdots, N\}$ であれば，最大値と最小値は存在し，それらは，それぞれ，最小上界と最大下界に一致する. すなわち，
>
> $$\sup\{a_n : n = 1, 2, \cdots, N\} = \max\{a_n : n = 1, 2, \cdots, N\},$$
> $$\inf\{a_n : n = 1, 2, \cdots, N\} = \min\{a_n : n = 1, 2, \cdots, N\}$$
>
> となる.

最小上界と最大下界の存在については，次が成立する.

命題 1.3　数列が上に有界ならば，最小上界が存在する. 数列が下に有界ならば，最大下界が存在する.

【証明】[*]　背理法によって，数列が上に有界な場合について証明する. $A =$

---

[12] sup と inf は，それぞれ，英語の supremum と infimum を略記したものである.

[13] ϵ はギリシャ文字で epsilon と読む. ローマ字の e はこれから派生した文字である.

22　第 1 章　数列

$\{a_n : n = 1, 2, 3, \cdots\}$ を上に有界な数列とすると, $a_n \leq M_1\,(n = 1, 2, 3, \cdots)$ となる上界 M_1 が存在する. 今, 最小上界が存在しないとすると, $a_n \leq M_1 - \epsilon_1\,(n = 1, 2, 3, \cdots)$ となる数 $\epsilon_1 > 0$ が存在する. ここで, $M_2 = M_1 - \epsilon_1$ とすると, 最小上界が存在しないことから, $a_n \leq M_2 - \epsilon_2\,(n = 1, 2, 3, \cdots)$ となる数 $\epsilon_2 > 0$ が存在する. 以下, 同様にして, $a_n \leq M_{m+1} = M_m - \epsilon_m\,(n = 1, 2, 3, \cdots)$ となる数 $\epsilon_m > 0\,(m = 1, 2, 3, \cdots)$ が存在する. これより, 任意の $m = 1, 2, 3, \cdots$ に対して, $a_n \leq M_{m+1}$, $M_{m+1} < M_m\,(n = 1, 2, 3, \cdots)$ となり, 結局, $a_n\,(n = 1, 2, 3, \cdots)$ は, どのような数 $M_m\,(m = 1, 2, 3, \cdots)$ よりも小さい数ということになり, $\{a_n : n = 1, 2, 3, \cdots\}$ が実数からなる数列であることに矛盾する.

下に有界な場合についても, 同様にして証明できる. □

数列の収束と有界性について次の命題が成立する.

命題 1.4　収束する数列 $\{a_n\}$ は有界である. すなわち, ある実数 M が存在して, すべての a_n に対して, $|a_n| \leq M$ となる.

【証明】　$\{a_n\}$ の極限を a とすると, $|a_n - a| \to 0\,(n \to \infty)$ であるから, 自然数 N の値を十分大きくとれば, N 以上のすべての自然数 n に対して, $|a_n - a| < 1$, すなわち, $a - 1 < a_n < a + 1$ となる. そこで,

$$M = \max\{|a_1|, |a_2|, \cdots, |a_{N-1}|, |a - 1|, |a + 1|\}$$

とすれば, すべての a_n に対して, $|a_n| \leq M$ となる. □

定理 1.1 （有界な単調数列の収束性）

(1)　$\{a_n : n = 1, 2, 3, \cdots\}$ を上に有界な単調増加数列とすると, $\{a_n : n = 1, 2, 3, \cdots\}$ は収束し,

$$\lim_{n \to \infty} a_n = \sup\{a_n : n = 1, 2, 3, \cdots\}.$$

(2)　$\{a_n : n = 1, 2, 3, \cdots\}$ を下に有界な単調減少数列とすると, $\{a_n : n = 1, 2, 3, \cdots\}$ は収束し,

$$\lim_{n \to \infty} a_n = \inf\{a_n : n = 1, 2, 3, \cdots\}.$$

【証明】* (1) について証明する. $\{a_n : n = 1, 2, 3, \cdots\}$ は上に有界であるから, 命題 1.3 より, $\sup\{a_n : n = 1, 2, 3, \cdots\}$ が存在する. このとき上限の定義により, 任意の小さい数 $\epsilon > 0$ に対して, $\sup\{a_n : n = 1, 2, 3, \cdots\} - \epsilon < a_N$ となる自然数 N が存在する. よって, $\{a_n : n = 1, 2, 3, \cdots\}$ の単調増加性から, 自然数 m を $m \geq N$ とすると,

$$\sup\{a_n : n = 1, 2, 3, \cdots\} - \epsilon < a_N \leq a_m,$$

$$a_N \leq a_m \leq \sup\{a_n : n = 1, 2, 3, \cdots\} < \sup\{a_n : n = 1, 2, 3, \cdots\} + \epsilon$$

となる. したがって, 自然数 m を $m \geq N$ とすると,

$$|a_m - \sup\{a_n : n = 1, 2, 3, \cdots\}| < \epsilon.$$

ここで, $\epsilon > 0$ は, 任意の小さな数であったことに注意すると,

$$\lim_{n \to \infty} a_n = \sup\{a_n : n = 1, 2, 3, \cdots\}$$

を得る.

(2) も (1) と同様にして証明できる. $\square$

例 1.7 命題 1.1 より, 数列 $\{a_n : n = 1, 2, 3, \cdots\}$ と $\{b_n : n = 1, 2, 3, \cdots\}$ を

$$a_n = \left(1 + \frac{1}{n}\right)^n, \quad b_n = \left(1 + \frac{1}{n}\right)^{n+1}, \quad n = 1, 2, 3, \cdots$$

で定義すると, $\{a_n\}$ と $\{b_n\}$ は, それぞれ, 単調増加列と単調減少列で, $2 = (1 + 1)^1 = a_1 \leq a_n \leq b_n \leq b_1 = (1 + 1)^2 = 4$ であった. したがって, $\{a_n\}$ と $\{b_n\}$ は, それぞれ, 上に有界な単調増加列と下に有界な単調減少列となるから, 定理 1.1 より, $\{a_n\}$ と $\{b_n\}$ の極限は存在する. さらに, $\{c_n = b_n - a_n : n = 1, 2, 3, \cdots\}$ は下に有界な単調減少列であるから, 収束し,

$$0 < c_n = b_n - a_n = \left(1 + \frac{1}{n}\right)^n \frac{1}{n} = \frac{a_n}{n} < \frac{4}{n} \quad (n = 1, 2, 3, \cdots)$$

より, $\lim_{n \to \infty} c_n = 0$ となる. 一方, $a_n \leq \lim_{n \to \infty} a_n \leq \lim_{n \to \infty} b_n \leq b_n$ であることから,

24　第 1 章　数列

$$0 \le |\lim_{n \to \infty} a_n - \lim_{n \to \infty} b_n| \le b_n - a_n = c_n$$

となり，$\lim_{n \to \infty} a_n = \lim_{n \to \infty} b_n$ であることがわかる．

定義 1.8（ネイピア数）　数列 $\left\{ \left(1 + \frac{1}{n}\right)^n : n = 1, 2, 3, \cdots \right\}$ の極限を**ネイピア（Napier）数**といい，e で表す．すなわち，

$$e = \lim_{n \to \infty} \left(1 + \frac{1}{n}\right)^n. \tag{1.9}$$

⚠ **注意 1.3.**　$e \simeq 2.718281828$ であり，無理数であることが知られている．

Python 操作法 1.8（極限 `sympy.limit` とネイピア数 `sympy.E`）

　SymPy ライブラリを用いて数列 $\{a_n\}$ の第 n 項が `a(n)` として，定義されているとする．このとき，極限 $\lim_{n \to \infty} a_n$ を求めるには，

```
limit(a(n), n, oo)
```

とする．ここで，∞ はローマ字小文字の'o' を並べて'oo' とする．SymPy ではネイピア数 e は，

```
E
```

で表わされる．　　　　　　　　　　　　　　　　　　　　　　　　　　■

Python 操作法 1.9（浮動小数表示にする `sympy.N` と `.evalf()` メソド）

　Sympy ライブラリを用いた処理結果や式を，浮動小数に変換するには，

```
N(処理結果，小数点以下桁数)
```

あるいは，

```
処理結果.evalf(小数点以下桁数)
```

とする．小数点以下桁数を省略するとデフォルトの 15 桁を指定したことになる．なお.evalf() メソドを使う場合は，() を省略しないで使う．　　■

▶ **演習 1.7.**　Python で (1.9) を確かめてみよう．

1.3 数列の極限　　**25**

演習 1.7 解答例

```
from sympy import *
var('n')
e = limit((1+1/n)**n,n,oo)
print(e)
print(N(E)) # 浮動小数表示
```

E
2.718281828459045

□

定義 1.9　（**数列の発散**）　収束しない数列は**発散する**という.

(1) n が限りなく大きくなるとき, a_n の値も限りなく大きくなるならば, 数列 $\{a_n\}$ は, **正の無限大に発散する**, あるいは**極限**は ∞ であるといい, このことを

$$\lim_{n\to\infty} a_n = \infty \quad \text{あるいは} \quad a_n \to \infty \ (n \to \infty)$$

と表わす.

(2) n が限りなく大きくなるとき, a_n の値が負で, その絶対値が限りなく大きくなるならば, 数列 $\{a_n\}$ は, **負の無限大に発散する**, あるいは**極限**は $-\infty$ であるといい, このことを

$$\lim_{n\to\infty} a_n = -\infty \quad \text{あるいは} \quad a_n \to -\infty \ (n \to \infty)$$

と表わす.

(3) 収束しない数列が, 上の 2 つの場合のいずれにもあてはまらない場合, 数列 $\{a_n\}$ は**振動**する, あるいは $\lim_{n\to\infty} a_n$ は**不確定**であるという.

⚠ **注意 1.4.** ∞ と $-\infty$ は, それぞれ, 「どんな実数よりも大きいもの」と「どんな実数よりも小さいもの」を表わしている. よって, それらは実数ではない.

定義 1.10　（**無限大の演算**）　任意の実数 a と ∞, $-\infty$ との演算は, 次のように決められている.

$$(\pm\infty) + a = a + (\pm\infty) = \pm\infty,$$

26　第 1 章　数列

$$a > 0 \Longrightarrow (\pm\infty) \times a = a \times (\pm\infty) = \pm\infty,$$

$$(\pm\infty) \times 0 = 0 \times (\pm\infty) = 0,$$

$$a < 0 \Longrightarrow (\pm\infty) \times a = a \times (\pm\infty) = \mp\infty,$$

$$\frac{a}{\pm\infty} = 0 \quad (複号同順).$$

ただし，$(\pm\infty) - (\pm\infty)$ や $\frac{\pm\infty}{\pm\infty}$ などは，定義されず，計算は不可能とする．

数列の収束と発散をまとめると次のようになる．

$$数列 \begin{cases} 収束 \ \lim_{n \to \infty} a_n = l \quad \cdots \ 極限値は l \\ 発散 \begin{cases} \lim_{n \to \infty} a_n = \infty \quad \cdots \ \infty \ に発散 \\ \lim_{n \to \infty} a_n = -\infty \quad \cdots \ -\infty \ に発散 \\ \lim_{n \to \infty} a_n は不確定 \ \cdots \ 振動 \end{cases} \end{cases}$$

例 1.8

(1) $\displaystyle \lim_{n \to \infty} \frac{1}{n^2 - n + 1} = 0.$

(2) $\displaystyle \lim_{n \to \infty} 2^n = \infty.$

(3) $\displaystyle \lim_{n \to \infty} (1 + n - n^2) = -\infty.$

(4) $\{(-1)^n\}$, $\{(-2)^n\}$ は振動する．

▶**演習 1.8.**　Python を使って，例 1.8 を確かめるとともに，各数列について，点 $(n, 第 n 項)$ を，$n = 1, 2, \cdots, 20$ の範囲で図示してみよう．

演習 1.8 解答例

```
from sympy import *
var('n')

print('(1)')
a_n = 1/(n**2-n+1)
print(limit(a_n, n, oo))

print('(2)')
a_n = n**2
```

```
print(limit(a_n, n, oo))

print('(3)')
a_n = 1+n-n**2
print(limit(a_n, n, oo))

print('(4)')
a_n = (-1)**n;  b_n = (-2)**n
print(limit(a_n, n, oo), ',', limit(b_n, n, oo))
```

(1) 0

(2) oo

(3) -oo

(4) nan , zoo

図のスクリプト例

```
from sympy import *
from spb import *
var('n')

# (1)
a_n = 1/(n**2-n+1)
plot(a_n, (n,1,20), n=20, scatter=True, legend=True, ylabel=' ')

# (2)
a_n = n**2
plot(a_n, (n,1,20), n=20, scatter=True, legend=True, ylabel=' ')

# (3)
a_n = 1+n-n**2
plot(a_n, (n,1,20), n=20, scatter=True,legend=True, ylabel=' ')

# (4)
a_n = (-1)**n
plot(a_n, (n,1,20), n=20,legend=True,
rendering_kw={"marker":'o'}, ylabel=' ')
# 点列だけだと挙動が不明なので，scatter=True を外して曲線表示
```

```
# 加えて各点を点表示するため，オプションrendering_kw={"marker":'o'}
# を追加

b_n = (-2)**n
plot(b_n, (n,1,11), n=11,legend=True,
rendering_kw={"marker":'o'}, ylabel=' ')
# n=20までとすると値が大きくなりすぎて見にくいので，(n,1,11)とした
```

出力図は，図 1.2 のとおり．なお，上の出力結果で nan は不定の結果，zoo は複素無限大を表す． □

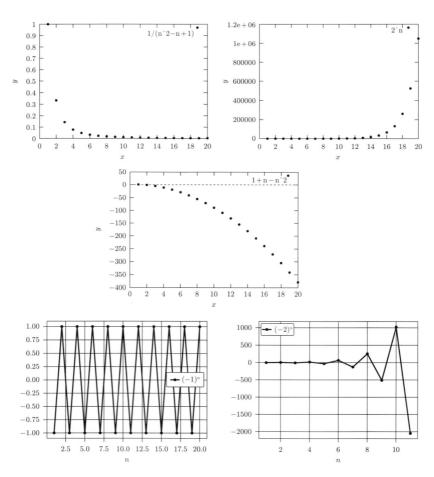

図 1.2 演習 1.8 の数列のグラフ．

注意 1.5. 演習 1.8 解答例のように，Sympy Plotting Backends (spb) をインポートした場合，plot 内で，追加でオプションを指定できる．spb は，デフォルトで，Python の描画ライブラリ matplotlib をバックエンドで使っている．ここでは，描画点に対する記号 (marker) を円（小文字 o）とした．どのような，オプションが指定可能かは，Matplotlib[14] と Sympy Plotting Backends のドキュメント[15] を参照してほしい．

また，sbp をインポートすると，軸目盛りも変更可能である．例えば，(4) の 1 つ目のグラフの x 軸目盛りを 0, 1～20 の整数とするのであれば，

```
fig=plot(a_n, (n,1,20), n=20,legend=True,
        rendering_kw={"marker":'o'}, ylabel=' ', show=False)
ax=fig.ax
ax.set_xticks(range(21))
```

とすれば良い（図 1.3 参照）．

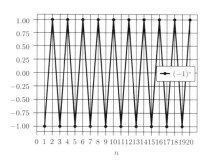

図 1.3 演習 1.8(4) の数列のグラフ（軸目盛り変更版）．

例 1.9（等差数列の極限） $\{a_n\}$ を初項 a，公差 d の等差数列とすると，その極限は次で与えられる．

$$\lim_{n \to \infty} (a + nd) = \begin{cases} +\infty, & d > 0 \\ -\infty, & d < 0 \\ a, & d = 0. \end{cases}$$

例 1.10（等比数列 $\{a_n = r^n\}$ の極限） $\{a_n\}$ を初項 1，公比 r の等比数列とすると，その極限は次で与えられる．

---

[14] https://matplotlib.org
[15] https://sympy-plot-backends.readthedocs.io/en/latest/index.html

$$\lim_{n \to \infty} r^n = \begin{cases} +\infty, & r > 1 \\ 1, & r = 1 \\ 0, & -1 < r < 1 \\ \text{振動} & r \le -1. \end{cases}$$

数列の四則演算については，次が成立する．

公式 1.7 （数列極限の四則演算）　数列 $\{a_n\}$, $\{b_n\}$ が収束するならば，次が成り立つ．

(1)　$\displaystyle\lim_{n \to \infty} (a_n \pm b_n) = \lim_{n \to \infty} a_n \pm \lim_{n \to \infty} b_n$, 複号同順,

(2)　$\displaystyle\lim_{n \to \infty} (c \times a_n) = c \lim_{n \to \infty} a_n,$　　c は定数,

(3)　$\displaystyle\lim_{n \to \infty} (a_n b_n) = \lim_{n \to \infty} a_n \lim_{n \to \infty} b_n,$

(4)　$\displaystyle\lim_{n \to \infty} \frac{a_n}{b_n} = \frac{\displaystyle\lim_{n \to \infty} a_n}{\displaystyle\lim_{n \to \infty} b_n},$　　ただし，$\displaystyle\lim_{n \to \infty} b_n \ne 0$.

【証明】

(1)　$\displaystyle\lim_{n \to \infty} a_n = a$, $\displaystyle\lim_{n \to \infty} b_n = b$ とすると，

$$0 \le |(a_n \pm b_n) - (a \pm b)| = |(a_n - a) \pm (b_n - b)| \le |a_n - a| + |b_n - b|$$

かつ，$|a_n - a| \to 0$, $|b_n - b| \to 0\,(n \to \infty)$ であるから，$|(a_n \pm b_n) - (a \pm b)| \to 0\,(n \to \infty)$. よって，$\displaystyle\lim_{n \to \infty} (a_n \pm b_n) = \lim_{n \to \infty} a_n \pm \lim_{n \to \infty} b_n$.

(2)　$\displaystyle\lim_{n \to \infty} a_n = a$ とすると，

$$0 \le |ca_n - ca| = |c||a_n - a|$$

かつ，$|a_n - a| \to 0\,(n \to \infty)$ であるから，$|ca_n - ca| \to 0\,(n \to \infty)$. よって，$\displaystyle\lim_{n \to \infty} ca_n = c \lim_{n \to \infty} a_n$.

(3)　命題 1.4 より，収束する数列は有界である．すなわち，ある数 M が存在して，

$$|a_n| \le M, \quad |b_n| \le M, \qquad n = 1, 2, 3, \cdots .$$

$\displaystyle\lim_{n \to \infty} a_n = a$, $\displaystyle\lim_{n \to \infty} b_n = b$ とすると，

$$0 \le |a_n b_n - ab| = |b(a_n - a) + a_n(b_n - b)| \le |b||a_n - a| + M|b_n - b|$$

かつ，$|a_n - a| \to 0,\ |b_n - b| \to 0\,(n \to \infty)$ であるから，$|a_n b_n - ab| \to 0\,(n \to \infty)$．よって，$\displaystyle\lim_{n\to\infty} a_n b_n = \lim_{n\to\infty} a_n \lim_{n\to\infty} b_n$．

(4) $\displaystyle\lim_{n\to\infty} b_n = b$ とおく．$\displaystyle\lim_{n\to\infty}\frac{1}{b_n} = \frac{1}{b}$ であるとすると，(3) より題意が成立する．そこで，これを示せば良い．仮定 $\displaystyle\lim_{n\to\infty} b_n \ne 0$ より，$|b| > 0$ かつ，$|b_n - b| \to 0\,(n \to \infty)$．したがって，$n \to \infty$ とすると，

$$\frac{1}{2}|b| > |b_n - b| \ge |b| - |b_n|^{16)}$$

となり，$|b_n| > \frac{1}{2}|b|$ が成立する．よって，

$$0 \le \left|\frac{1}{b_n} - \frac{1}{b}\right| = \frac{|b_n - b|}{|b||b_n|} < 2\frac{|b_n - b|}{|b|^2}$$

となり，$\left|\frac{1}{b_n} - \frac{1}{b}\right| \to 0\,(n \to \infty)$，すなわち，$\displaystyle\lim_{n\to\infty}\frac{1}{b_n} = \frac{1}{b}$ を得る．

$\square$

例 1.11

(1)

$$\begin{aligned}
\lim_{n\to\infty}\frac{n^2+2}{3n^2-4} &= \lim_{n\to\infty}\frac{1+\frac{2}{n^2}}{3-\frac{4}{n^2}} \\
&= \frac{\displaystyle\lim_{n\to\infty}\left(1+\frac{2}{n^2}\right)}{\displaystyle\lim_{n\to\infty}\left(3-\frac{4}{n^2}\right)} \\
&= \frac{\displaystyle\lim_{n\to\infty}1 + 2\lim_{n\to\infty}\frac{1}{n^2}}{\displaystyle\lim_{n\to\infty}3 - 4\lim_{n\to\infty}\frac{1}{n^2}} = \frac{1+2\times 0}{3-4\times 0} = \frac{1}{3}.
\end{aligned}$$

(2)

$$\lim_{n\to\infty}\frac{n^3+2}{3n^2+4} = \lim_{n\to\infty}\frac{n+\frac{2}{n^2}}{3+\frac{4}{n^2}}$$

---

16) 最左辺に掛かっている $\frac{1}{2}$ は，任意の 1 より小さい数で置き換えることができる．ここでは，議論を具体化するために，$\frac{1}{2}$ としている．

$$= \frac{\lim_{n \to \infty} \left(n + \frac{2}{n^2}\right)}{\lim_{n \to \infty} \left(3 + \frac{4}{n^2}\right)}$$

$$= \frac{\lim_{n \to \infty} n + \lim_{n \to \infty} \frac{2}{n^2}}{\lim_{n \to \infty} 3 + \lim_{n \to \infty} \frac{4}{n^2}} = \frac{\infty + 0}{3 + 0} = \infty.$$

(3)

$$\lim_{n \to \infty} (n^2 - 2n^3) = \lim_{n \to \infty} n^3 \left(\frac{1}{n} - 2\right)$$

$$= \lim_{n \to \infty} n^3 \lim_{n \to \infty} \left(\frac{1}{n} - 2\right)$$

$$= \lim_{n \to \infty} n^3 \left(\lim_{n \to \infty} \frac{1}{n} - \lim_{n \to \infty} 2\right)$$

$$= \infty \times (0 - 2) = -\infty.$$

(4)

$$\lim_{n \to \infty} (\sqrt{n+2} - \sqrt{n}) = \lim_{n \to \infty} \frac{(\sqrt{n+2} - \sqrt{n})(\sqrt{n+2} + \sqrt{n})}{\sqrt{n+2} + \sqrt{n}}$$

$$= \lim_{n \to \infty} \frac{2}{\sqrt{n+1} + \sqrt{n}} = 0.$$

! 注意 1.6. 例 1.11(1)〜(4) を次の (1)〜(4) ようにしてはいけない！

(1) $\displaystyle \lim_{n \to \infty} \frac{n^2 + 2}{3n^2 - 4} = \frac{\lim_{n \to \infty} (n^2 + 2)}{\lim_{n \to \infty} (3n^2 - 4)} = \frac{\infty}{\infty}.$

(2) $\displaystyle \lim_{n \to \infty} \frac{n^3 + 2}{3n^2 + 4} = \frac{\lim_{n \to \infty} (n^3 + 2)}{\lim_{n \to \infty} (3n^2 + 4)} = \frac{\infty}{\infty}.$

(3) $\displaystyle \lim_{n \to \infty} (n^2 - 2n^3) = \lim_{n \to \infty} n^2 - \lim_{n \to \infty} 2n^3 = \infty - \infty.$

(4) $\displaystyle \lim_{n \to \infty} (\sqrt{n+2} - \sqrt{n}) = \lim_{n \to \infty} \sqrt{n+2} - \lim_{n \to \infty} \sqrt{n} = \infty - \infty.$

極限を求める際に, $(\pm\infty) - (\pm\infty)$ や $\frac{\pm\infty}{\pm\infty}$ となるかどうかの判定は慎重に行う必要がある. 例 1.11 の計算の仕方をよく吟味してほしい.

▶**演習 1.9.** 例 1.11 の結果を Python で確かめよう.

演習 1.9 解答例

```
from sympy import *
var('n') # 記号の定義
print('(1)',limit((n**2+2)/(3*n**2-4),n,oo))
print('(2)',limit((n**3+2)/(3*n**2+4),n,oo))
print('(3)',limit(n**2-2*n**3,n,oo))
print('(4)',limit(sqrt(n+2)-sqrt(n),n,oo))
# ここでsqrt は sympy.sqrt であり，平方根(square root)を求めている．
```

(1) 1/3

(2) oo

(3) -oo

(4) 0 □

問 1.5 次の数列 $\{a_n\}$ の $n \to \infty$ としたときの極限を手計算で求めたあと，Python で答えを確かめよ．

(1) $a_n = \frac{3n^2+2n+1}{n^2+2n}$.
(2) $a_n = \frac{1+3^n}{2^n}$.
(3) $a_n = \sqrt{n^2+2} - n + 3$.

1.4 級数

定義 1.11 （級数）

(1) 数列 $\{a_n : n = 0, 1, 2, \cdots\}$ に対して，その全ての項の和

$$a_0 + a_1 + a_2 + a_3 + \cdots \tag{1.10}$$

を**級数**，あるいは，無限項の和であることを強調して，**無限級数**といい，$\displaystyle\sum_{n=0}^{\infty} a_n$ あるいは $\sum a_n$ と表わす．

(2) 初項から第 n 項までの和

$$S_n = \sum_{k=0}^{n} a_k = a_0 + a_1 + \cdots + a_n$$

34　第 1 章　数列

を級数 $\displaystyle\sum_{n=0}^{\infty} a_n$ の第 n **部分和**という.

(3) 部分和からなる数列 $\{S_n\}$ が収束するとき，すなわち $\displaystyle\lim_{n\to\infty} S_n = S$ となるとき，級数 $\displaystyle\sum_{n=0}^{\infty} a_n$ は S に**収束**するといい，級数 $\displaystyle\sum_{n=0}^{\infty} a_n$ の**和**は S であるという．収束しないとき，級数 $\displaystyle\sum_{n=0}^{\infty} a_n$ は**発散**するという.

数列の極限と同様に，級数の収束と発散についてまとめると次のようになる.

$$
級数\begin{cases}
収束 & \displaystyle\sum_{n=0}^{\infty} a_n = S \qquad \cdots\ 和は\ S \\[2mm]
発散 & \begin{cases}
\displaystyle\sum_{n=0}^{\infty} a_n = \infty & \cdots \infty に発散 \\[2mm]
\displaystyle\sum_{n=0}^{\infty} a_n = -\infty & \cdots -\infty に発散 \\[2mm]
\displaystyle\sum_{n=0}^{\infty} a_n は不確定 & \cdots 振動
\end{cases}
\end{cases}
$$

例 1.12（**等比級数**）　初項 a, 公比 r の等比数列 $\{a_n = ar^n : n = 0, 1, 2, \cdots\}$ の級数

$$\sum_{n=0}^{\infty} a_n = a + ar + ar^2 + \cdots \tag{1.11}$$

を考える．等比数列の和の公式（公式 1.6）より，

$$S_n = \sum_{k=0}^{n} ar^k = \begin{cases} \dfrac{a(r^{n+1}-1)}{r-1}, & r \neq 1, \\[2mm] (n+1)a, & r = 1. \end{cases}$$

よって

$$\sum_{n=0}^{\infty} a_n = \begin{cases} \pm\infty, & r \geq 1,\ a \gtrless 0\ (複号同順), \\[2mm] \dfrac{a}{1-r}, & -1 < r < 1, \\[2mm] 不確定, & r \leq -1. \end{cases}$$

定義 1.12（**等比級数**）　(1.11) の等比数列からなる級数を**等比級数**という.

例 1.13　初項 a と公比 r が次のように与えられている等比数列 $\{a_n =$

$ar^n : n = 0, 1, 2, \cdots \}$ の級数の和を求める.

(1) $a = 2$, $r = -\frac{1}{3}$.

$|r| = \frac{1}{3} < 1$ であるから, $\sum a_n = \frac{2}{1+\frac{1}{3}} = \frac{3}{2}$.

(2) $a = 2$, $r = 3$.

$r = 3 \geq 1$ であるから, $\sum a_n = \infty$.

(3) $a = 2$, $r = -3$.

$r = -3 \leq -1$ であるから, $\sum a_n$ は不確定.

Python 操作法 1.10 （if 文による条件分岐処理）

条件に基づいて異なる処理をさせるには, if 文を用いる. if 文を用いた条件分岐処理は以下の通り.

```
if 条件式 :
    条件式 が True(真) のときに行う処理
else:
    すべての条件式が False(偽) のときに行う処理.
```

この場合, 条件式 が True(真) のとき, if 条件式:の下の処理が行われ, 条件式が False（偽）の場合は else:の下の処理が行われる. else 以下を省略した場合は, 条件式が True のときのみ処理が行われ, 条件式が False の場合は何もしない.

条件を複数分岐させるときには, 次のように記述する.

```
if 条件式 1:
    条件式 1 が True のときに行う処理
elif 条件式 2 :
    条件式 1 が False, 条件式 2 が True のときに行う処理
elif 条件式 3 :
    条件式 1, 2 が False, 条件式 3 が True のときに行う処理
 ...
else:
    すべての条件式が False のときに行う処理.
```

▶**演習 1.10.** 例 1.13 の結果を Python で確かめてみよう.

36　第 1 章　数列

演習 1.10 解答例

```
from sympy import *
var('a:z') # 記号の定義
def S(a,r):
    if r==1:
        return a*limit((n+1), n, oo)
    else:
        return a*(limit(r**(n+1),n,oo)-1)/(r-1)
# (1)
print('(1)', Rational(S(2,-1/3)))
# Rational()で結果を有理数（分数）に変換
# (2)
print('(2)', S(2,3))
# (3)
print('(3)', S(2,-3))
```

(1) 3/2

(2) oo

(3) zoo　　　　　　　　　　　　　　　　　　　　　　　　□

公式 1.8（級数の線形性）

級数 $\sum a_n$, $\sum b_n$ が収束するならば，次が成立する．

$$\sum_{n=0}^{\infty}(a_n \pm b_n) = \sum_{n=0}^{\infty} a_n \pm \sum_{n=0}^{\infty} b_n, \quad \text{複号同順.}$$

$$\sum_{n=0}^{\infty}(c \times a_n) = c\sum_{n=0}^{\infty} a_n \quad c \text{は定数.}$$

【証明】　数列極限の四則演算公式（公式 1.7）より明らか．　　　　　□

級数が収束するための必要条件は次で与えられる．

定理 1.2

(1)　級数 $\displaystyle\sum_{n=0}^{\infty} a_n$ が収束するならば，$\displaystyle\lim_{n\to\infty} a_n = 0$.

(2) $\displaystyle\lim_{n\to\infty} a_n \neq 0$ とすると，級数 $\displaystyle\sum_{n=0}^{\infty} a_n$ は発散する．

【証明】

(1) 第 n 部分和を S_n とし，$\displaystyle\lim_{n\to\infty} S_n = S$ とすると，

$$\lim_{n\to\infty} a_n = \lim_{n\to\infty}(S_n - S_{n-1}) = \lim_{n\to\infty} S_n - \lim_{n\to\infty} S_{n-1} = S - S = 0.$$

(2) (1) の対偶[17]．

$\square$

例 **1.14**　$a_n = \dfrac{1}{\sqrt{n+1}+\sqrt{n}}$ $(n = 1, 2, \cdots)$ とすると

$$\lim_{n\to\infty} a_n = \lim_{n\to\infty}\frac{1}{\sqrt{n+1}+\sqrt{n}} = 0.$$

一方，

$$\begin{aligned}
S_n &= \sum_{k=1}^{n} a_k = \sum_{k=1}^{n}\frac{1}{\sqrt{k+1}+\sqrt{k}} \\
&= \sum_{k=1}^{n}\frac{\sqrt{k+1}-\sqrt{k}}{(\sqrt{k+1}+\sqrt{k})(\sqrt{k+1}-\sqrt{k})} \\
&= \sum_{k=1}^{n}(\sqrt{k+1}-\sqrt{k}) = \sqrt{n+1}-1.
\end{aligned}$$

よって $\displaystyle\lim_{n\to\infty} S_n = \lim_{n\to\infty}(\sqrt{n+1}-1) = +\infty$．したがって，$\displaystyle\lim_{n\to\infty} a_n = 0$ であるが $\displaystyle\sum_{n=0}^{\infty} a_n$ は発散する．

⚠ **注意 1.7.**　例 1.14 から明らかなように，定理 1.2(1) は級数が収束するための必要条件であるが十分条件ではない．

1.5　会計・ファイナンスへの応用

1.5.1　金利計算

例 1.1 の数列を考える．すなわち，元金を P_0，1 期間ごとに利息が付くと

---

[17] 「A ならば B」と「(B ではない) ならば (A ではない)」は同値である．ここで，後者を前者「A ならば B」の対偶という．詳細は岩城 (2012) を参照．

38   第 1 章　数列

したときの n $(n = 1, 2, 3, \cdots)$ 期間後の元利合計を P_n として,

$$\{P_0, P_1, P_2, \cdots\} \tag{1.12}$$

という数列を考える. このとき,

$$P_{n+1} - P_n$$

は, 第 $n+1$ 期における利息を表わしている. 元金 $P_0 = P$ に対して, i を定数として利息の付き方が

$$P_{n+1} - P_n = i \times P$$

となる利息計算方法を**単利法**という. すなわち, 単利法では, 毎期, 元金 P に対して, 利子率 i で利息が付く.

　単利法では, 数列 $\{P_n\}$ は初項 P, 公差 iP の等差数列となる. 等差数列の一般項（公式 1.1）により, その一般項は

$$P_n = (1 + ni)P, \qquad n = 0, 1, \cdots$$

となる.

▶**演習 1.11.**　　100 万円を年率 1% の単利利子率で借りたときの, 10 年後の元利合計を Python で求めてみよう.

演習 1.11 解答例

```
from sympy import *
var('n')

# P = 元金, i = 利子率
P = 100; i = 0.01
# n 年後元利合計
Pn = (1+n*i)*P
P=SeqFormula(Pn)
print('10年後元利合計 =', P[10],'万円')
```

10 年後元利合計 = 110 万円　　　　　　　　　　　　　　　　　　　□

(1.12) の数列で，$n+1$ 期での利息の付き方が，

$$P_{n+1} - P_n = i \times P_n, \qquad i \text{ は定数} \tag{1.13}$$

となる利息計算方法を**複利法**という．すなわち，複利法では，各期 $n+1\,(n=0,1,\cdots)$ において，期首，すなわち，各期のはじめの時点の元利合計 P_n に対して，利率 i で利息が付く．ここで，(1.13) 左辺の P_n を右辺へ移項すると

$$P_{n+1} = (1+i)P_n.$$

よって，複利法では $\{P_n\}$ は，公比 $1+i$ の等比数列である．$P_0 = P$ とすると，等比数列の一般項（公式 1.2）により，n 期末の元利合計は

$$P_n = P(1+i)^n, \qquad n = 0, 1, \cdots$$

となる．

▶**演習 1.12.** 100 万円を年率 1% の複利利子率で利子の付く預金口座に預金した場合の 10 年後の元利合計を求めてみよう．

演習 1.12 解答例

```
from sympy import *
var('n')

# P = 元金，i = 利子率
P = 100; i = 0.01
P_n=SeqFormula(P*(1+i)**n)
print('10年後元利合計 =', round(P_n[10],4),'万円')
# round( ,4)で小数第 4位まで求めている
```

10 年後元利合計 = 110.4622 万円 □

郵便局で定額貯金をすると，例えば，年率 0.04% の**半年複利**で利子がつく．この年率 0.04% 半年複利というは，半年ごとに金利 $\frac{0.04}{2} = 0.02\%$ の複利で利子が付くということである．したがって，例えば，元金を 1 万円とすると，

$$\text{半年後元利合計} = 1 \times \left(1 + \frac{0.0004}{2}\right) \text{万円},$$

40 第 1 章 数列

$$1\,\text{年後元利合計} = 1 \times \left(1 + \frac{0.0004}{2}\right)^2 \text{万円},$$

$$2\,\text{年後元利合計} = 1 \times \left(1 + \frac{0.0004}{2}\right)^{2 \times 2} \text{万円},$$

$$\vdots$$

$$T\,\text{年後元利合計} = 1 \times \left(1 + \frac{0.0004}{2}\right)^{2 \times T} \text{万円}$$

となる.

注意 1.8. 一般に，年率 r で，年 n 回複利で利子が付くと言った場合には，元金 P 円に対する元利合計が，

$$1\,\text{年後元利合計} = P \times \left(1 + \frac{r}{n}\right)^n \text{円},$$

$$2\,\text{年後元利合計} = P \times \left(1 + \frac{r}{n}\right)^{n \times 2} \text{円},$$

$$\vdots$$

$$T\,\text{年後元利合計} = P \times \left(1 + \frac{r}{n}\right)^{n \times T} \text{円}$$

となることを意味する.

問 1.6 $*$ r を正の定数として，

$$a_n = \left(1 + \frac{r}{n}\right)^n, \qquad n = 1, 2, 3, \cdots$$

で数列 $\{a_n\}$ を定義すると，$\{a_n\}$ は単調増加列となることを示せ.

問 1.6 より，同じ年率 r の金利という場合でも，1 年あたりの利子の付く回数 n が多いほど，同一年数預け入れた場合の元利合計が大きくなる.

注意 1.8 より，年率 100% で，年 n 回複利で利子が付く場合の元金 P 円の1 年後の元利合計は，

$$P_n = P \times \left(1 + \frac{1}{n}\right)^n, \quad n = 1, 2, 3, \cdots$$

であった. このとき，$\{P_n : n = 1, 2, 3 \cdots\}$ は単調増加数列であり，ネイピ

ア数の定義（定義 1.8）より，

$$\lim_{n\to\infty} P_n = P \times \mathrm{e} \simeq P \times 2.72.$$

利子の付く回数 n を $n \to \infty$ とすることは，時間にして連続に利子が付いていると考えられることから，このときの複利を**連続複利**という．

1.5.2 将来価値，現在価値，割引率

演習 1.12 のように，年率 1% の複利利子率で運用できる投資機会があって，現時点で 100 万円を投資したとすれば，10 年後には，元利合計 $100 \times (1+0.01)^{10}$ 万円を受け取ることができるのであるから，現在の 100 万円の 10 年後という将来時点での価値，すなわち，**将来価値**は，$100 \times (1+0.01)^{10}$ 万円と考えられる．

一方，年率 1% の複利利子率で運用できる投資機会があるならば，現時点で $\frac{100}{(1+0.01)^{10}}$ 万円投資すれば，10 年後には 100 万円を受け取ることができるわけであるから，10 年後の 100 万円の現時点での価値，すなわち，**現在価値**は，$\frac{100}{(1+0.01)^{10}}$ 万円と考えられる．

将来，正の利子が付く投資機会があるのであれば，将来時点で受け取る金額の現在価値は，将来時点で受け取る金額よりも小さくなるので，将来時点の金額から現在価値を求めることを，将来時点の金額を**割り引く**という．また，割り引く際に用いられる利子率（いまの場合，1%）を，**割引率**という．

▶**演習 1.13.** 年率複利利子率 1% で利子の付く，預金口座へ毎年末に 1 万円ずつ預け入れたときの 10 年後の預金残高を Python で求めてみよう．

 ヒント 図 1.4 のように，1 年目の年末預入れ額の今から 10 年後の価値は，9 年間利率 1% で運用した場合の最終価値であるから，$10{,}000 \times (1.01)^9$ 円，2 年目の預入れ額の今から 10 年後の価値は $10{,}000 \times (1.01)^8$ 円，$\cdots$，10 年目の預入れ額は 10,000 円となる．よって，10 年後の預金残高は，

$$10{,}000 + 10{,}000 \times 1.01 + \cdots + 10{,}000 \times 1.01^9.$$

すなわち，これは，初項 10,000，公比 1.01 の等比数列の初項から第 9 項までの和である．

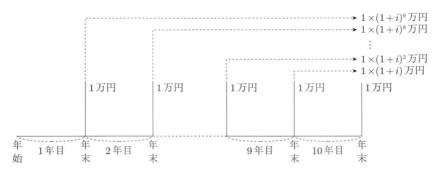

図 1.4 10 年後の預金残高

演習 1.13 解答例

```
from sympy import *
var('n')

a=10000 #預け入れ金
i=0.01  # 金利
# 10年後の預金残高
amount = summation(a*(1+i)**n, (n,0,9))
print('10年後の預金残高 =', round(amount),'円')

# 公式 1.6(等比数列の和の公式)を使った計算
n=9
amount = a*((1+i)**(n+1)-1)/((1+i)-1)
print(round(amount),'円','(等比数列の和の公式を使って求めた値)')
```

10 年後の預金残高 = 104622 円
104622 円 (等比数列の和の公式を使って求めた値)   □

演習 1.13 のように，毎年末に一定金額 P を利率 i の複利運用で積み立てたとき，n 年後の積立額は，等比数列の和の公式（公式 1.6）をもちいると，

$$P(1+(1+i)+(1+i)^2+\cdots+(1+i)^{n-1}) = P \times \frac{(1+i)^n - 1}{i} \quad (1.14)$$

となる．(1.14) の

$$\frac{(1+i)^n - 1}{i}$$

を**年金終価係数**という．

▶**演習 1.14.** 1年後から10年後まで1年ごとに10回，1万円を引き出す予定があるとき，年率複利利子率1%で利子の付く預金口座に現在いくら預入ていればよいであろうか？現在の預入れ金額をPythonで求めてみよう．

ヒント 1年後の1万円の現在価値は $\frac{10,000}{1.01}$ 円，2年後の1万円の現在価値は $\frac{10,000}{1.01^2}$ 円，$\cdots$，10年後の1万円の現在価値は $\frac{10,000}{1.01^{10}}$ 円．よって，現時点で預け入れるべき金額は，

$$\frac{10,000}{1.01} + \frac{10,000}{1.01^2} + \cdots + \frac{10,000}{1.01^{10}}.$$

すなわち，これは，初項 $\frac{10,000}{1.01}$，公比 $\frac{1}{1.01}$ の等比数列の初項から第9項までの和である．

演習 1.14 解答例

```
from sympy import *
var('n')

# i=金利, a =毎回の預入れ金額
i=0.01; a=10000
# PV = 預入れ金の現在価値
PV =  summation( a/(1+i)**n, (n, 1 ,10))
print('現時点預入れ金額 =', round(PV),'円')

# 公式1.6(等比数列の和)を使った計算
PV = a/(1+i)*(1-1/(1+i)**10)/(1-1/(1+i))
print(round(PV),'円',' (等比数列の和の公式を使って求めた値)')
```

現時点預入れ金額 = 94713 円
94713 円 (等比数列の和の公式を使って求めた値) □

演習1.13のように，n 年間，毎年末に一定金額 CF を支払う（あるいは受け取る）場合の支払い（受け取り）金額の現在価値は，割引率を i とすると，等比数列の和の公式（公式1.6）をもちいて，

$$CF\left(\frac{1}{1+i} + \frac{1}{(1+i)^2} + \cdots + \frac{1}{(1+i)^n}\right) = \frac{CF}{1+i}\frac{1-(1+i)^{-n}}{1-(1+i)^{-1}}$$
$$= CF\frac{1-(1+i)^{-n}}{i} \quad (1.15)$$

となる．(1.15) の

$$\frac{1-(1+i)^{-n}}{i}$$

を**年金現価係数**という．

当初の元金を P 円として，毎期首に C 円ずつ積み立てていくとき，n 期末の元利合計を求める．ただし，利息は1期間利率 i の複利法で計算する．

第 n 期末の元利合計を P_n とすると，

$$P_n = P(1+i)^n + (1+i)C\frac{(1+i)^n - 1}{i} \tag{1.16}$$

となる．(1.16) は，元金 P 円の n 期末価値と毎期の積立金 C 円の n 期末価値の総和となっている．毎期，複利利子率 i で利子が付くから，P 円の n 期末元利合計は $P(1+i)^n$ 円となる．一方，n 期末から遡っていくと，図1.5のように，

$$n\text{期首の} C \text{円の} n \text{期末元利合計} = C(1+i),$$
$$n-1\text{期首の} C \text{円の} n \text{期末元利合計} = C(1+i)^2,$$
$$\vdots$$
$$1\text{期首の} C \text{円の} n \text{期末元利合計} = C(1+i)^n$$

である．よって，積立金の n 期末元利合計は，初項 $C(1+i)$，公比 $(1+i)$ の等比数列に和となり，等比数列の和の公式（公式1.6）より，

$$\sum_{k=0}^{n-1} C(1+i)(1+i)^k = C(1+i)\frac{(1+i)^n - 1}{i}$$

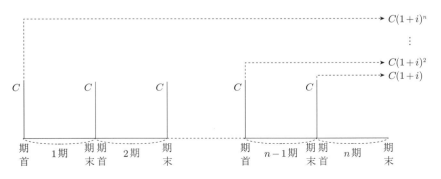

図1.5 積立金の n 期末価値

となる．ここで，年金終価係数 $\frac{(1+i)^n-1}{i}$ と $(1+i)\frac{(1+i)^n-1}{i}$ との違いに注意してほしい．この違いは，年金終価係数は，毎年末に一定金額を積み立てているのに対して，いまの場合は，毎期首に C 円を積み立てていることから生じている．

▶**演習 1.15.** 当初の元金を 100 万円として，毎年始に 1 万円ずつ積み立てていくとき，10 年後の元利合計を Python で求めてみよう．ただし，利息が年率 1％の複利で付くとする．

演習 1.15 解答例

```
# 満期時将来価値を求める関数を定義
def future_value(i, n, C, P):
# i = 利子率, n = 満期 (年), C = 積立金, P=元金
        return P*(1+i)**n + (1+i)*C*((1+i)**n-1)/i

print('10年後の元利合計金額 =',
        round(future_value(0.01,10,1,100),4),'万円')
```

10 年後の元利合計金額 = 121.029 万円　　　　　　　　　　　　　　□

1.5.3 債券評価

債務を表わす証券（権利を表わす紙片[18]）を**債券**という．債券の発行体が債務者であり，債券の保有者（買い手）が債権者となる．通常，債券には満期があり，満期に債務の大きさを表わす額面金額が保有者に返済される．債券には，利払いの仕方により次の利付債と割引債の 2 タイプに分類される．

(1)　所定の満期まで定期的に利払いがあり，満期に所定の額面金額が支払われる債券を**利付債**あるいは**クーポン債**という．利付債における定期的な利払い金額を**クーポン**といい，額面金額に対するクーポンの割合を**クーポン・レート**という．

(2)　クーポンが 0，すなわち，満期まで利払いがなく，満期に所定の額面金額のみが支払われる債券を**割引債**という．

---

[18] 以前は，紙片であったが，現在は，電子化されている．

46　第 1 章　数列

例 1.15　満期 6 年, 額面金額 100 円, クーポン・レート 10% で毎年クーポン支払いのある利付債があったとする. この利付債を保有した場合, 1 年後から 6 年間, 毎年, 100 円の 10%, すなわち, 10 円を受け取り, 6 年後の満期に, 100 円を受け取ることになる. よって, 割引率を, 例えば, 複利年率 10% とすると, この利付債の現在価値は,

$$10\left(\frac{1}{1.1} + \frac{1}{1.1^2} + \cdots + \frac{1}{1.1^6}\right) + \frac{100}{1.1^6}$$

$$= 10\frac{1 - \frac{1}{1.1^6}}{0.1} + \frac{100}{1.1^6}$$

$$= 100\left(1 - \frac{1}{1.1^6}\right) + \frac{100}{1.1^6} = 100$$

すなわち, 100 円となる. なお, 最初の等式右辺第一項には, 等比数列の和の公式（公式 1.6）を用いた.

▶**演習 1.16.**　例 1.15 の利付債について, 割引率を, 複利年率で 11% とした場合と, 9% とした場合について, この利付債の現在価値がどのような値になるか Python を用いて求めてみよう.

演習 1.16 解答例

```
from sympy import *

print('年金現価係数（等比数列の和の公式）を使って求めた場合')
# 現在価値を求める関数を定義
def present_value(i, n, coupon_rate, P):
# i = 割引率, n = 満期（年），
# coupon_rate = クーポン・レート, P=額面金額
    coupon = coupon_rate*P
    return coupon*(1-1/(1+i)**n)/i+P/(1+i)**n

print('割引率 11%のときの現在価値 =',
      round(present_value(0.11, 6, 0.1, 100),2),'円')
print('割引率 9%のときの現在価値 =',
      round(present_value(0.09, 6, 0.1, 100),2),'円')
print('')
```

```
print('等比数列の和の公式を使わずに求めた場合')
def present_value(i, n, coupon_rate, P):
    coupon = coupon_rate*P
    k = symbols('k')
    return coupon*summation(1/(1+i)**k, (k, 1, n)) + P/(1+i)**n

print('割引率 11%のときの現在価値 =',
    round(present_value(0.11, 6, 0.1, 100),2),'円')
print('割引率 9%のときの現在価値 =',
    round(present_value(0.09, 6, 0.1, 100),2),'円')
```

年金現価係数（等比数列の和の公式）を使って求めた場合
割引率 11%のときの現在価値 = 95.77 円
割引率 9%のときの現在価値 = 104.49 円
数列の和の公式を使わずに求めた場合
割引率 11%のときの現在価値 = 95.77 円
割引率 9%のときの現在価値 = 104.49 円　　　　　　　　　　　　　□

> **注意 1.9.** 例 1.15 および演習 1.16 から明らかと思われるが，利付債について
> は，次の関係が成立している．

$$\text{割引率} > \text{クーポン・レート} \implies \text{現在価値} < \text{額面金額},$$
$$\text{割引率} = \text{クーポン・レート} \implies \text{現在価値} = \text{額面金額},$$
$$\text{割引率} < \text{クーポン・レート} \implies \text{現在価値} > \text{額面金額}.$$

満期がなく，永続的に利払いのみがある債券を**永久債**という．いま，毎年末に
C 円の利払いがある永久債があったとする．年率複利での割引率を $r\,(r > 0)$
とすると，この永久債の現在価値は，次式の級数で与えられる．

$$
\begin{aligned}
P(r) &= \sum_{n=0}^{\infty} \frac{C}{(1+r)^{n+1}} \\
&= \lim_{n \to \infty} \frac{C}{1+r} \frac{1 - \frac{1}{(1+r)^{n+1}}}{1 - \frac{1}{1+r}} \\
&= \frac{C}{r}\left(1 - \lim_{n \to \infty} \frac{1}{(1+r)^{n+1}}\right) = \frac{C}{r}. \tag{1.17}
\end{aligned}
$$

ただし，最初の等式と 2 番目の等式には，それぞれ，等比数列の和の公式（公

48 第 1 章 数列

式 1.6) と数列極限の四則演算公式（公式 1.7）を用いた.

問 1.7　毎年，5 円の利払いのある永久債を考える．年率複利での割引率を 5% としたとき，この永久債の現在価値を求めよ.

1.5.4　現在価値と設備投資の意思決定

1.5.2 項の現在価値の考え方は，企業の意思決定でも多く応用される．その例として DCF 法を用いた設備投資の意思決定を見てみよう.

● 設備投資の意思決定とは

企業が経営活動をしていく上で，設備投資は重要な意思決定となる．例えば，工場の生産ラインに最新の機械を導入する，本社に新たな情報システムを導入するなどの設備投資は，競争優位を獲得する上で重要な要素である．しかし一般的に設備投資は金額が大きく，設備の利用年数も長期にわたることも多いため，綿密な分析が求められる．例えば，トヨタ自動車の年間設備投資額は，2023 年度には 1 兆 8,600 億円にも渡っており，年間の収益が約 37 兆円，営業利益が約 2 兆 7 千億円であることを考えても莫大な規模であることがわかる．この規模の設備投資が失敗に終わったら企業経営は大きく傾いてしまうだろう.

● DCF 法（正味現在価値法）による設備投資の価値計算

このように慎重な意思決定が求められる設備投資の意思決定に際しては，いくつかの計算方法があるが，ここでは DCF (Discounted Cash Flow) 法の正味現在価値法を紹介する．正味現在価値法は，投資することで将来得られる利益（キャッシュ）を推定し，現在価値を求めることで，それが投資に資するのかまたはどの案に投資すべきなのかを検討する計算方法である．これは，実際に東証一部（現プライム）上場企業の約 1/3 程度の企業で実施されている一般的な手法である[19].

それでは本章冒頭のケースについて，割引率を 5%として，具体的な計算例を見てみよう.

---

[19] 吉田栄介・岩澤佳太・徐智銘・桝谷奎太 (2019)「日本企業における管理会計の実態調査（第 4 回）設備投資予算と総括: 東証・名証 1 部上場企業」『企業会計』71 (2):110-115

1.5 会計・ファイナンスへの応用 **49**

例 **1.16** 【導入ケース分析 (1)】設備投資の意思決定　X 社の取り扱い製品
Y について，将来的な需要の増大化が見込まれる旨が報告された．そこでこ
の需要増加に対応するため，新規で設備投資を行うことで生産能力の強化を
計画している．関係部署や取引先に見積を依頼したところ以下の表 1.2 の 2
案の提案を受けた．案 A は，現在の生産ラインに新規設備を補強することで
生産能力を向上させる案であり，案 B は，新たにもう 1 つ生産ラインを立ち
上げる大規模な案である．予算的制約からどちらかの案しか採用できない場
合，事業部長であるあなたはどちらの案を採用するべきか検討してみよう．

表 **1.2**　正味現在価値法による 2 つの設備投資案

投資案	投資案 A： 現在の生産ラインの補強	投資案 B： 新規生産ラインの立上げ
設備投資額	850 万円	2,800 万円
設備の耐用年数	3 年	5 年
投資により得られる利益 （キャッシュ）	350 万円／年	600 万円／年
残存価値	50 万円	100 万円
割引率[20]	5%	

正味現在価値法による投資案 A の評価

正味現在価値法を用いて投資案 A の現在価値を評価してみる．投資に
よって得られるキャッシュは毎年 350 万円であるため，1 年後に得られ
る 350 万円について現在価値は

$$1 \text{ 年後に得られるキャッシュの現在価値} = \frac{350 \text{ 万円}}{1.05} \fallingdotseq 333 \text{ 万円}$$
(1.18)

となる．

同様にして，2 年後，3 年後に得られる 350 万円の現在価値は

---

20) ここで割引率に何を用いるべきかは多くの論点がある．簡単に言えば現在のキャッシュ
が 1 年後に平均的にどの程度増えていると想定できるかである．具体的には金融市場
で平均的に期待されている利率や，経済の成長率，WACC と呼ばれる資本コスト率
（企業が資金調達するのにかかるコスト）などが挙げられる．詳細は会計学やファイナ
ンスのテキストを参照されたい．

$$2\,\text{年後に得られるキャッシュの現在価値} = \frac{350\,\text{万円}}{1.05^2} \fallingdotseq 317\,\text{万円},$$
$$(1.19)$$

$$3\,\text{年後に得られるキャッシュの現在価値} = \frac{350\,\text{万円}}{1.05^3} \fallingdotseq 302\,\text{万円}.$$
$$(1.20)$$

加えて残存価値も考慮する必要がある。残存価値とは、例えば、設備の耐用年数経過後に、その設備を売却することで得られる利益である。つまり投資案 A では、3 年間設備を利用した後でも 50 万円分の価値が残っていると推定される。そのため

$$3\,\text{年後の残存価値の現在価値} = \frac{50\,\text{万円}}{1.05^3} \fallingdotseq 43\,\text{万円} \qquad (1.21)$$

となりこれを加える必要がある。以上 (1.18)〜(1.21) が投資案 A から得られる利益の現在価値であり、これらを合算することで投資案 A の現在価値が算定できる。

$$\begin{aligned}\text{投資案 A の現在価値} &= 333\,\text{万円} + 317\,\text{万円} + 302\,\text{万円} + 43\,\text{万円} \\ &= 995\,\text{万円}\end{aligned}$$

正味現在価値法の計算方法

設備投資による現在価値について、一般化すると以下の式により算定される。耐用年数 n 年で、毎年 X 円のキャッシュが得られる設備投資について、割引率を r とすると

$$\text{設備投資の現在価値} = \sum_{k=1}^{n} \frac{X}{(1+r)^k} + \frac{\text{残存価値}}{(1+r)^n}$$

の部分は、初項 $\frac{X}{1+r}$、公比 $\frac{1}{1+r}$ の等比数列の和と見なすことができる。この計算例の場合、期間が 3 年と限られているため計算はそこまで複雑ではないが、実際にはもっと長期間におよぶことも多いため、数列が力を発揮する。

投資案 B の評価

以上を踏まえて等比数列の和の公式により投資案 B の現在価値を算定

1.5 会計・ファイナンスへの応用 **51**

してみよう.

$$
\begin{aligned}
\text{投資案 B の現在価値} &= \sum_{k=1}^{5} \frac{600\,\text{万円}}{(1+0.05)^k} + \frac{100\,\text{万円}}{(1+0.05)^5} \\
&= 571\,\text{万円}\left(\frac{1 - \frac{1}{(1+0.05)^5}}{1 - \frac{1}{1+0.05}}\right) \\
&= 571\,\text{万円}\left(\frac{1 - \frac{1}{(1+0.05)^5}}{\frac{0.05}{1.05}}\right) \\
&= 574\,\text{万円} \times 21 \times \left(1 - \frac{1}{(1+0.05)^5}\right) \\
&= 2{,}609.3\,\text{万円}
\end{aligned}
$$

となる.

等比数列の和の公式(公式 1.6)を用いることで容易に算定ができた.

DCF 法を踏まえた意思決定

計算結果を踏まえて,2 つの投資案を評価してみよう.投資案 A については,投資額が 850 万円に対して,投資から得られる現在価値は 995 万円となっており,145 万円分利益を得られることがわかる.投資案 B については,投資額が 2,800 万円に対して,投資から得られる現在価値は 2609.3 万円となっており,190.7 万円の損失となることがわかる.よって,今回は投資案 A を採用すべきであり,大規模な投資案 B に割くはずだった余剰資金は別の事業などに活用した方が,企業全体としては利益となることがわかった.

問 1.8 投資案 B について,投資により得られる利益(キャッシュ)が 700 万円,設備の耐用年数が 6 年だった場合,意思決定はどのように変化するか,割引現在価値を求めて計算せよ.

ここでは設備投資の意思決定を例に挙げたが,DCF 法による現在価値の推定は,M&A など企業の買収の際にも用いられる.M&A の企業価値の例は 1.5.5 項 で取り上げる.

1.5.5 等比級数を用いた企業価値評価と永続価値

● DCF 法による企業・事業の現在価値算定

1.5.4 項では，DCF 法（正味現在価値法）という等比数列を利用した設備投資の意思決定を扱った．DCF 法は，設備投資の意思決定だけでなく，M&A など企業や事業を買収する際に，買収金額を検証するためにも用いられる．M&A が設備投資と異なるのは，(1) 事業は一般的に成長していくこと，(2) 期間も半永続的に利益（キャッシュ）を生み出すと想定されるという 2 点である．機械など耐用年数に上限がある場合は，その耐用年数分だけ先まで利益を計算すればよかった．一方で，企業や事業を買収する際は，半永久的に事業が継続し上限はないことが想定される．こうした場合，買収を検討している企業や事業の現在価値はどのように計算すればよいのだろうか．ここで活躍するのが，数列の極限の考え方である．具体的な計算例を見てみよう．

例 1.17 （DCF 法による企業・事業の現在価値算定）

ケースの状況設定

自動車部品の製造・販売を行っている A 社では，さらなる競争力強化のために部品に使うプラスチック素材の製造をしているサプライヤー X 社の買収を現在検討している．X 社は企業規模こそ中程度であるものの，高い技術力を持っており安定的に成長（年 3%程度）している．その他，当該買収に関する情報は下記の通りである．X 社の中期経営計画は，5 年後まで立てられており，概ね年間 5 億円程度の利益（キャッシュ）を生む．X 社の現時点での株価などを考慮すると，150 億円程度で買収可

表 1.3 X 社の買収計画案

投資案	X 社の買収
投資額	120 億円
投資により得られる利益 （キャッシュ）	5 億円／年 ※ 5 年間の中期計画に基づく
予想成長率	中期経営計画の 5 年間は 3%／年 その後は 1%／年
割引率 (WACC)	5%

能である時，この買収計画は進めるべきだろうか．

正味現在価値法による X 社の現在価値評価

正味現在価値法を用いて X 社の現在価値を評価してみる．買収によって 5 年間得られるキャッシュは毎年 5 億円であるが，年 3%の成長と 5%の割引を考慮する必要がある．

$$
5 \text{ 年間で得られるキャッシュの現在価値} = \sum_{k=1}^{5} \frac{5 \text{ 億} \times (1 + 0.03)^k}{(1 + 0.05)^k}
$$

$$
= 5 \text{ 億} \times \boxed{\sum_{k=1}^{5} \frac{(1 + 0.03)^k}{(1 + 0.05)^k}}
$$

と表現できる．$\boxed{}$ の部分は，初項 $\frac{1.03}{1.05}$，公比 $\frac{1.03}{1.05}$ の等比数列の和を示しているので，等比数列の和の公式（公式 1.6）より

$$
5 \text{ 年間で得られるキャッシュの現在価値} \fallingdotseq 23.6 \text{ 億円} \tag{1.22}
$$

となる．

ここで，追加で考慮しなければいけないのが，事業は永続的に利益（キャッシュ）を生み出す点である．この永続的な利益から算定される事業の現在価値を「永続価値」と呼ぶ．一般的に中期経営計画は 3〜5 年程度で立てられることが多いため，それ以降生じるキャッシュや成長率はあくまで仮定とならざるを得ない点には注意が必要である．また，その際の成長率は，経済成長率やインフレ率などを参考に 1%〜3%を想定することが多い．

永続価値の算定には，経営計画が終了する 5 年後以降も事業が順調に成長した（1%/年）場合に発生するキャッシュを算定する必要がある．ここで $(5+n)$ 年後に発生するキャッシュを考えてみると

$$
(5+n) \text{ 年目に得られるキャッシュ} = 5 \text{ 億} (1 + 0.03)^5 (1 + 0.01)^n
$$

と表現できる．よって

$$
(5+n) \text{ 年後に得られるキャッシュの現在価値} = \frac{5 \text{ 億} (1 + 0.03)^5 (1 + 0.01)^n}{(1 + 0.05)^{5+n}}
$$

となる．これが永続的に継続された際に得られるキャッシュの合計，すなわち $n \to \infty$ を考えればよいので，

$$
\begin{aligned}
\text{永続価値の現在価値} &= \sum_{k=1}^{\infty} \frac{5\,\text{億} \times (1+0.03)^5 (1+0.01)^k}{(1+0.05)^{k+5}} \\
&= \frac{5\,\text{億} \times 1.03^5}{1.05^5} \sum_{k=1}^{\infty} \frac{(1+0.01)^k}{(1+0.05)^k} \\
&= 4.54\,\text{億} \sum_{k=1}^{\infty} \left(\frac{1.01}{1.05} \right)^k .
\end{aligned}
$$

これは，初項 1，公比 $= \frac{1.01}{1.05}$ の等比数列の級数（等比級数）であって $-1 < r = \frac{1.01}{1.05} < 1$ であるから，例 1.12（等比級数）の結果から，

$$
\begin{aligned}
\text{永続価値の現在価値} &= 4.54\,\text{億} \frac{1.01}{1.05} \frac{1}{1 - \frac{1.01}{1.05}} \\
&= 4.54\,\text{億} \frac{1.01}{0.04} = 114.63\,\text{億円} \qquad (1.23)
\end{aligned}
$$

と求めることができる．

以上，(1.22) と (1.23) より X 企業の現在価値は，

$$
\text{X 企業の現在価値} = 23.6\,\text{億} + 114.63\,\text{億} = 138.23\,\text{億円}
$$

と算定できた．

今回の場合，120 億円程度で X 社を買収することが可能なので，現在価値よりも安く買収することができることを意味する．つまり「A 社は X 社を買収すべき」という結論を得ることができた．

このように，等比級数の考え方を使うと，「永続的に成長し続ける企業の価値」を算定し，合理的な意思決定を可能にする．

◆練習問題◆

1 1000 万円借入て 10 年で返済するとする．1 ヶ月ごとに年率複利 2% で利子が付くとした場合，毎月均等額で返済するとすれば，月々の返済額はいくらとなるか求めよ．

2 満期 2 年後，額面 100 円，年 2 回 6%のクーポンが支払われる利付債がある
とする．1 年目の割引率が年率半年複利 6%，2 年目の割引率を年率半年複利
8% としたとき，この利付債は，何円以下であれば，投資する価値があると言
えるか？

3 例 1.17 において，割引率 (WACC) が 7%であった場合，今回の買収の意思決
定は変更するべきか，Python を使って計算し，確かめてみよ．

第2章

関数

　経済学，経営学などの社会科学においても，ある変数が変化するにつれて対象としている現象がどのように変化していくのかを分析することは重要である．この分析を数学的に扱うには関数が必要不可欠となる.

【導入ケース】広告効果の分析

　化粧品メーカーの広報担当であるあなたは，来月から販売予定の目玉商品「マシュマロリップ」の広告戦略を考えている．20～30代を対象とした商品であるため，若者の利用率が高いSNSに広告を掲載することを計画していた．SNS広告から新商品の魅力を伝える自社ホームページにアクセスしてもらうのが狙いである.

　現在，過去に新商品を発売したときに掲載したSNS広告のデータをもとに，何日間広告を掲載する契約にするべきか分析しようとしている．広告掲載料が非常に高いため，効果が薄れたところで掲載を止めないと，かえって企業の収益性を低下させてしまう恐れがあるからだ.

　過去のデータは表2.1の通りである．このデータをもとにウェブサイトへの広告効果を分析し，広告の掲載日数がサイトへの1日あたりのアクセス数にどのように影響するかを分析し，最適な広告戦略を決定したい.

　こうした分析や予測で役立つのが本章で学習する関数である．関数を用いることで，広告掲載日数とアクセス数の関係性について予測することができる．これから学ぶ関数のうち，どの関数が，表2.1のデータを説明する上で，最適かどうか考えながら学習していこう．分析例は，2.4節で解説する.

58　第 2 章　関数

表 2.1　広告掲載日数とアクセス数の過去データ

広告掲載日数	1 日目	2 日目	3 日目	4 日目	5 日目	6 日目	7 日目	
アクセス数	10000	8200	7800	7500	7200	7100	6900	
広告掲載日数	8 日目	9 日目	10 日目	11 日目	12 日目	13 日目	14 日目	15 日目
アクセス数	6800	6700	6650	6600	6580	6570	6560	6550

学習ポイント

☑ 関数の極限を理解し，極限値が求められる．

☑ 関数の連続性について理解する．

☑ 応用上特に重要な，指数関数と対数関数について理解する．

☑ ネイピア数の関数極限による表現について理解する．

2.1　関数とその性質

定義 2.1 （関数）　実数の部分集合 $D \subset \mathbb{R}$ を与えられたものとして[1]，D 内の各実数 x に対して，実数 y が唯一に定まるような規則 f が与えられているとき，この規則 f を D から $\mathbb{R}$ の中への**関数**といい，

$$f : D \to \mathbb{R} \quad \text{あるいは} \quad D \xrightarrow{f} \mathbb{R}$$

と表わす．D を f の**定義域**，x を**独立変数**，y を**従属変数**といい，x に対応する y を f による x の**像**といって，

$$y = f(x) \quad \text{あるいは} \quad f : x \mapsto y$$

と表わす．関数 f の定義域に対して，集合

$$V = \{ y \in \mathbb{R} \mid y = f(x), \ x \in D \}$$

を f の**値域**という[2]．

　関数とその定義域，値域の概念を図にすると図 2.1 のようになる．

---

[1] $\mathbb{R}$ は，すべての実数からなる集合を表わす．

[2] $x \in D$ は，「x は集合 D の要素である」という記号表記で，英語では，x is in D と読む．すなわち，$\in$ は英語の in を横にして崩した表記である．

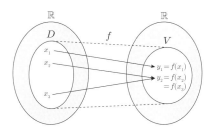

図 2.1 関数の概念図

例 2.1

(1) 実数列 $\{a_n : n = 0, 1, 2, \cdots\}$ は，定義域を非負整数全体として，各 n に実数 a_n を対応させる関数と考えられる．

(2) 正の実数 x に対して，$x = y^2$ となる y を対応させる規則を考えると，各 x に対して，$y = \sqrt{x}$ と $y = -\sqrt{x}$ の 2 つが対応するので，この規則は関数ではない．

以下では，簡単化のため，特に定義域を示さないときには，$f(x)$ に意味があり，$f(x)$ の値が実数となるような実数 x の集合を定義域とする．

定義 2.2 （有理関数）

(i) $a_i \ (i = 1, \cdots, n)$ を定数として，実数 x に対して，

$$f(x) = a_0 + a_1 x + a_2 x^2 + \cdots + a_n x^n$$

と定めた関数を x の**有理整関数**，あるいは**多項式**，**整式**という．

(ii) $a_i, b_i \ (i = 1, \cdots, n)$ を定数として，実数 x に対して，

$$f(x) = \frac{a_0 + a_1 x + a_2 x^2 + \cdots + a_n x^n}{b_0 + b_1 x + b_2 x^2 + \cdots + b_n x^n}$$

と定めた関数を x の**有理関数**，あるいは**分数式**という．

定義 2.3 （グラフ）
関数 f の**グラフ**とは，(x, y)-平面上の点の集合

$$\{(x, y) \mid y = f(x),\ x \in D\}$$

のことである．ただし，ここで，D は関数 f の定義域である．

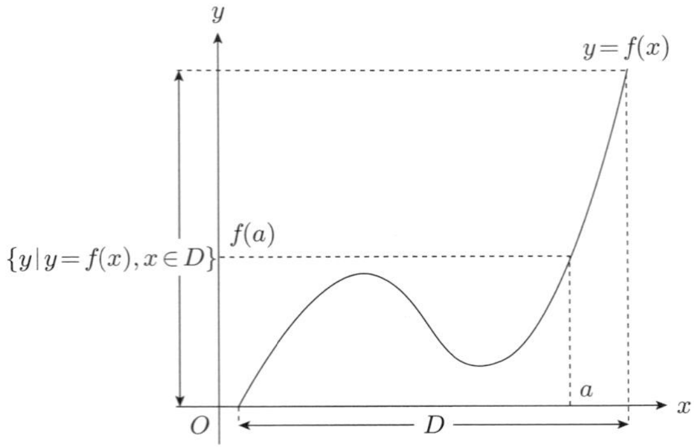

60　第2章　関数

図 2.2　関数のグラフ

2つの関数に対して，それらのグラフが一致するとき2つの関数は等しいという．

関数のグラフを図示すると，図 2.2 のようになる．

Python 操作法 2.1 （sympy.plot を使った関数グラフ）

関数 $f(x)$ のグラフを $x \in [a, b]$ の範囲で描くには，

```
plot(f(x), (x,a,b))
```

とする．

例えば，$y = f(x) = 1 + 2x + 3x^2$ を $x \in [-3, 3]$ の範囲で描くには，次の入力例のようにすれば良い（出力例，図 2.3）[3]．

```
from sympy import *
var('x')

y = 1+2*x+3*x**2
plot(y, (x,-3,3),
    legend = True,              #凡例を表示
    label='$f(x)=1+2x+3x^2$',   #凡例ラベル
    line_color = 'red',         #グラフ色（赤に指定）
    ylabel = False,             # y軸ラベルなし
```

---

[3] ここでは，よく使うオプションをつけているが，詳細については，SymPy のドキュメントを参照．

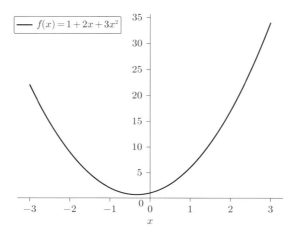

図 2.3 関数 $f(x) = 1 + 2x + 3x^2$ のグラフ出力例

```
    xlabel ='$x$'                 # x軸ラベル
).save('Graph.png')
```

作成したグラフを保存するには，`.save` メソッドを使って，

`.save('ファイル名.拡張子')`

とする（上の例では，`Graph.png` というファイル名で png 形式で保存）[4]．■

定義 2.4（区間） よく用いられる関数には，次のような集合を定義域とする関数が多い．

$$[a, b] = \{x \in \mathbb{R} | \ a \leq x \leq b\}, \quad (a, b) = \{x \in \mathbb{R} | \ a < x < b\},$$
$$[a, b) = \{x \in \mathbb{R} | \ a \leq x < b\}, \quad (a, b] = \{x \in \mathbb{R} | \ a < x \leq b\},$$
$$[a, \infty) = \{x \in \mathbb{R} | \ a \leq x\}, \quad (a, \infty) = \{x \in \mathbb{R} | \ a < x\},$$
$$(-\infty, b] = \{x \in \mathbb{R} | \ x \leq b\}, \quad (-\infty, b) = \{x \in \mathbb{R} | \ x < b\},$$
$$(-\infty, \infty) = \{x \in \mathbb{R} | \ -\infty < x < \infty\} = \mathbb{R}.$$

---

[4] 拡張子は，ファイルの形式を識別するもので，pdf 形式であれば，pdf となる．使用可能なファイル形式はデフォルトが png 形式で，他の主要な画像ファイルの形式には，svg, pdf, eps, jpg, tiff などがあるが，使用可能かは実行環境に依存する．

これらを総称して**区間**といい，特に $[a,b]$ を**閉区間**，(a,b) を**開区間**，それ以外を**半開区間**という（図 2.4 参照）．

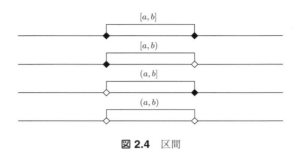

図 2.4 区間

定義 2.5（**増加関数・減少関数**）　ある区間 $I \subset \mathbb{R}$ に含まれる任意の 2 数 x_1, x_2 に対して，
$$x_1 < x_2 \Longrightarrow f(x_1) \leq f(x_2)$$
が成り立つとき I において関数 f は**増加関数**であるといい，
$$x_1 < x_2 \Longrightarrow f(x_1) \geq f(x_2)$$
が成り立つとき I において関数 f は**減少関数**であるという．特に $\leq (\geq)$ が $< (>)$ で成立するとき f は**狭義増加（減少）関数**であるという．

例 2.2
$$\text{関数} \quad y = x^n, \quad n = 1, 2, 3, \cdots$$
は，n が奇数のとき $(-\infty, \infty)$ で増加関数である．一方，n が偶数のときには $(-\infty, 0]$ で減少関数，$[0, \infty)$ で増加関数となる．

Python 操作法 2.2（グラフの重ね合わせと .extend メソッド）

関数 $f(x)$ と $g(x)$ を重ねて描くには，Python 操作法 2.1 において，

```
plot((f(x),(x,a,b)), (g(x),(x,c,d))
```

とする．なお，定義域が同じであれば，

```
plot(f(x),g(x), (x,a,b) )
```

とできる．ただし，これらの方法では，個々のグラフのオプションを指定することができない．個々のグラフのオプションを指定する場合には，個々のグラフを描いて.extend メソッドを使って次のように重ね合わせる．

```
p1 = plot(f(x), (x,a,b), show=False)
p2 = plot(g(x), (x,c,d), show=False)
p1.extend(p2)
p1.show
```

ここでは，f(x) と g(x) のグラフを非表示（show=Flalse）で，それぞれ p1 と p2 に格納し，メソド.extend で p1 に p2 を上書きし，それをメソド.show で表示している[5]．　　　　　　　　　　　　　　　　　　　　　■

▶**演習2.1.**　Python を使って，関数 $y = x^3$ と $y = x^4$ のグラフを $x \in [-3,3]$ の範囲で重ねて描いてみよう．

演習 2.1 解答例

```
from sympy import *
var('x')
plot(x**3, x**4, (x,-3,3),
    size=(4.8,6.4),   # サイズを幅 4.8, 高さ 6.4に変更
    legend=True)
```

出力は，図 2.5.　　　　　　　　　　　　　　　　　　　　　　　　　□

定義 2.6　（逆関数）　　関数 $f : D \to V$ がその定義域 D において狭義増加または狭義減少ならば，従属変数 $y \in V$ の各値に対して $y = f(x)$ となる独立変数 $x \in D$ の値が唯一つ定まる．この場合の，y を x に対応させる関数を f の**逆関数**と呼び，f^{-1} という記号で表わす．すなわち，

$$f^{-1} : V \to D, \qquad x = f^{-1}(y). \tag{2.1}$$

---

[5] 具体例は，演習 2.2 解答例.

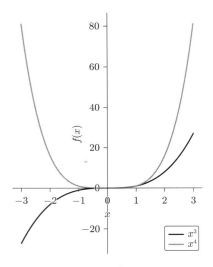

図 2.5 演習 2.1 解答例

✏ 注意 2.1.
(1) (2.1) では，独立変数は y で従属変数は x となっているが，独立変数を表わすときは通常，x という文字を使うので，x と y を入れ替えて $y = f^{-1}(x)$ と書くことが多い．
(2) $y = f^{-1}(x)$ のグラフは，x と y を入れ替えているので，$y = f(x)$ のグラフと直線 $y = x$ に関して対称となる．

例 2.3　　$n = 1, 2, 3, \cdots$ を奇数とすると，関数 $y = x^n$ には逆関数が存在し，逆関数は
$$y = x^{\frac{1}{n}}.$$

Python 操作法 2.3 （絶対値 abs）

Python で a の絶対値を求めるには，

```
abs(a)
```

とする[6]．　　　　　　　　　　　　　　　　　　　　　　　　　　　　　■

▶ 演習 2.2.　　$y = x^3$ とその逆関数 $y = x^{\frac{1}{3}}$ および $y = x$ のグラフを，

---

[6] abs は Python であらかじめ定義されているので，SymPy ライブラリのインポートなしに使える．

$-2 \leq x, y \leq 2$ の範囲で Python を使って描いてみよう．

演習 2.2 解答例[7]

```
from sympy import *
var('x')
p0 = plot(x, (x,-2,2), size=(5,5),
          ylim=(-2,2), # -2< y <-2に限定
          legend=True, ylabel = False, line_color='black',
          show = False)
p1 = plot(x**3, (x,-2,2),show = False)
p2 = plot(-abs(x)**(1/3), (x,-2,0), label='$x^{1/3}$',
          line_color='orange', show = False)
p3 = plot(x**(1/3), (x,0,2), label='$x^{1/3}$',
          line_color='orange', show = False)
p0.extend(p1); p0.extend(p2); p0.extend(p3)
p0.show()
```

グラフの出力は図 2.6． □

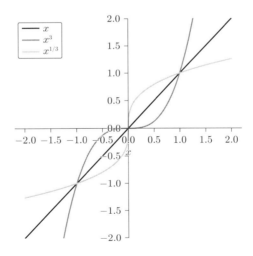

図 2.6 演習 2.2 解答例

---

[7] Python で $x < 0$ で，$x^{1/3}$ を求めると，複素数を返すので，$x < 0$ で x^n の実数値逆関数値を求めるには，$-|x|^{1/3}$ とする必要がある．

定義 2.7（関数の極限） 関数 $f(x)$ において，x が限りなくある数 a に近づくとき，$f(x)$ の値がある数 α に限りなく近づくならば[8]，$x \to a$ のとき $f(x)$ は α に**収束する**といい，このことを

$$\lim_{x \to a} f(x) = \alpha, \quad \text{あるいは，} \quad f(x) \to \alpha \, (x \to a)$$

で表わす．また，α を $x \to a$ のときの $f(x)$ の**極限値**あるいは**極限**という．

注意 2.2. 関数 $f(x)$ が与えられたとき，$\lim_{x \to a} f(x)$ が存在したとしても $f(a)$ は存在しないかもしれないし，図 2.7 右図のように，$f(a)$ が存在したとしても，それが $\lim_{x \to a} f(x)$ に一致するとは限らない．

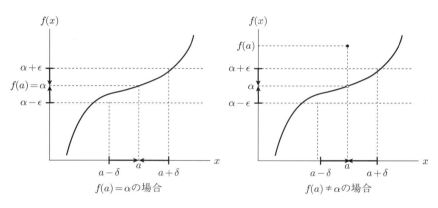

図 2.7 $\lim_{x \to a} f(x) = \alpha$

公式 2.1（関数の四則演算についての極限）

$\lim_{x \to a} f(x), \lim_{x \to a} g(x)$ が存在するとき次が成立する．

(1) c を定数とすると，$\lim_{x \to a} cf(x) = c \lim_{x \to a} f(x)$.
(2) $\lim_{x \to a} (f(x) \pm g(x)) = \lim_{x \to a} f(x) \pm \lim_{x \to a} g(x)$ （複号同順）.
(3) $\lim_{x \to a} f(x)g(x) = \lim_{x \to a} f(x) \lim_{x \to a} g(x)$.
(4) $\lim_{x \to a} g(x) \neq 0$ のとき，$\lim_{x \to a} \dfrac{f(x)}{g(x)} = \dfrac{\lim_{x \to a} f(x)}{\lim_{x \to a} g(x)}$.

---

[8] α はギリシャ文字で，alpha と読む．ローマ字の a はこれから派生した文字である．

2.1 関数とその性質 **67**

【証明】* $\displaystyle\lim_{x\to a}f(x)=\alpha,\ \lim_{x\to a}g(x)=\beta$ として証明する[9].

(1) $|cf(x)-c\alpha|=|c||f(x)-\alpha|$. かつ, $\displaystyle\lim_{x\to a}f(x)=\alpha$ より, $|f(x)-\alpha|\to$ $0\,(x\to a)$ となることから, $|cf(x)-c\alpha|\to 0\,(x\to a)$. すなわち, $\displaystyle\lim_{x\to a}cf(x)=c\lim_{x\to a}f(x)$.

(2)
$$|(f(x)\pm g(x))-(\alpha\pm\beta)|\le|f(x)-\alpha|+|g(x)-\beta|$$

であるから, (1) の証明と同様にして題意が成立する.

(3) $\displaystyle\lim_{x\to a}f(x)=\alpha$ より, x が a に十分に近いところでは, $M\,(>0)$ をある定数として, $|f(x)|\le M$ となるので[10],

$$|f(x)g(x)-\alpha\beta|\le|f(x)||g(x)-\beta|+|\beta||f(x)-\alpha|$$
$$\le M|g(x)-\beta|+|\beta||f(x)-\alpha|.$$

が成立する. あとは, (1) の証明と同様にして題意が成立する.

(4) $\displaystyle\lim_{x\to a}\frac{1}{g(x)}=\frac{1}{\beta}$ を示す. これが示されれば, (3) より, $\displaystyle\lim_{x\to a}\frac{f(x)}{g(x)}=$ $\displaystyle\lim_{x\to a}f(x)\lim_{x\to a}\frac{1}{g(x)}$ となるので, 題意が成立する.

$\displaystyle\lim_{x\to a}g(x)=\beta$ より, x を a に十分近づけると, $|g(x)-\beta|\le\frac{1}{2}|\beta|$ となる[11]. これより, x が a に十分近いところでは, $|\beta|-|g(x)|\le\frac{1}{2}|\beta|$, すなわち, $|g(x)|\ge\frac{1}{2}|\beta|$ となる. よって,

$$\left|\frac{1}{g(x)}-\frac{1}{\beta}\right|=\frac{|g(x)-\beta|}{|g(x)||\beta|}\le\frac{2}{|\beta|^2}|g(x)-\beta|$$

が成立する. よって, $\displaystyle\lim_{x\to a}g(x)=\beta$ より, $\displaystyle\lim_{x\to a}\frac{1}{g(x)}=\frac{1}{\beta}$ となり, 題意が成立する.

□

---

[9] β はギリシャ文字で, beta と読む. ローマ字の b は, これから派生した文字である.
[10] $M\ge|\alpha|$ として, $|f(x)|>M$ とすると, $0<|f(x)|-|\alpha|\le|f(x)-\alpha|$ となり, $|f(x)-\alpha|\to 0(x\to a)$ に矛盾する.
[11] 右辺に掛かっている $\frac{1}{2}$ を 1 より小さい任意の正の数に置き換えても同様の証明ができる. ここでは, 具体的な値として $\frac{1}{2}$ とした.

68　第 2 章　関数

例 2.4

(1)

$$\lim_{x \to 1} \frac{x^2 - 2x - 3}{x - 3} = \lim_{x \to 1} \frac{(x - 3)(x + 1)}{x - 3} = \lim_{x \to 1} (x + 1) = 2.$$

(2)

$$\lim_{x \to 1} \frac{\sqrt{x} - 1}{x - 1} = \lim_{x \to 1} \frac{\sqrt{x} - 1}{(\sqrt{x} - 1)(\sqrt{x} + 1)} = \lim_{x \to 1} \frac{1}{\sqrt{x} + 1} = \frac{1}{2}.$$

(3) a を定数として, $n\,(n = 1, 2, 3, \cdots)$ に対して,

$$\lim_{x \to 0} \frac{(x + a)^n - a^n}{x} = na^{n-1}.$$

【証明】

$$\lim_{x \to 0} \frac{(x + a)^n - a^n}{x}$$

$$= \begin{cases} \displaystyle\lim_{x \to 0} \frac{x + a - a}{x} & n = 1, \\[2mm] \displaystyle\lim_{x \to 0} \frac{x(x + a + a)}{x} & n = 2, \\[2mm] \displaystyle\lim_{x \to 0} \frac{x((x + a)^{n-1} + (x + a)^{n-2}a + \cdots + a^{n-1})}{x} & n \geq 3 \end{cases}$$

$$= \begin{cases} \displaystyle\lim_{x \to 0} 1 = 1 & n = 1, \\[2mm] \displaystyle\lim_{x \to 0} (x + 2a) = 2a & n = 2, \\[2mm] \displaystyle\lim_{x \to 0} ((x + a)^{n-1} + (x + a)^{n-2}a + \cdots + a^{n-1}) = na^{n-1} & n \geq 3. \end{cases}$$

$\square$

！ **注意 2.3.** 例 2.4(2), (3) で極限が $\frac{0}{0}$ ではないことに注意してほしい. このように有理関数の極限を求めるときには, まずは, 分母分子を因数分解して, 共通因子で括ることが重要である.

以下でも使うので, 例 2.4(3) を公式として挙げておく.

公式 2.2 （べき関数の極限）

a を定数として，$n\,(n = 1, 2, 3, \cdots)$ に対して，

$$\lim_{x \to 0} \frac{(x+a)^n - a^n}{x} = na^{n-1}.$$

Python 操作法 2.4 （関数の極限 sympy.limit）

$\lim_{x \to a} f(x)$ を求めるには，SymPy ライブラリをインポートして，使用する記号の定義を行った後，

```
limit(f(x),x,a)
```

と入力すればよい．a には実数の他，oo($= \infty$) を用いることが出来る．　■

▶**演習 2.3.** 例 2.4 を Python で確かめてみよう．

演習 2.3 解答例

```
from sympy import *
var('a:x') # 記号の定義
print('(1)',limit((x**2-2*x-3)/(x-3),x,1))
print('(2)',limit((sqrt(x)-1)/(x-1),x,1))
print('(3)',limit(((x+a)**n-a**n)/x,x,0))
```

(1) 2

(2) 1/2

(3) a**(n-1)*n 　　　　　　　　　□

問 2.1 次の (1)～(3) を手で計算した上で，結果を Python で確かめよ．

(1) $\displaystyle \lim_{x \to 1} \frac{x-1}{x^2 - 3x + 2}$.

(2) $\displaystyle \lim_{x \to \sqrt{2}} \frac{x^2 - 2}{x - \sqrt{2}}$.

(3) $\displaystyle \lim_{x \to -\infty} \left(\frac{3x}{x-1} - \frac{2x}{x+1} \right)$.

70　第 2 章　関数

定義 2.8（**左極限と右極限**）　数直線上で x を a の左側から a に限りなく近づけることを

$$x \to a - 0 \text{ あるいは } x \to a-$$

と書く．また，x を a の右側から a に限りなく近づけることを

$$x \to a + 0 \text{ あるいは } x \to a+$$

と書く．このとき，関数 $f(x)$ の値がそれぞれ定数 α, β に限りなく近づくならば，このことを

$$\lim_{x \to a-} f(x) = \alpha, \qquad \lim_{x \to a+} f(x) = \beta$$

と表わし，α, β をそれぞれ**左極限**，**右極限**という．両者が一致するとき，すなわち，$\alpha = \beta$ となるとき，そのときに限り，

$$\lim_{x \to a} f(x) = \alpha$$

となる．

例 2.5

(1)　$\displaystyle \lim_{x \to 0-} \frac{|x|}{x} = -1$.

(2)　$\displaystyle \lim_{x \to 0+} \frac{|x|}{x} = 1$.

(3)　$\displaystyle \lim_{x \to 0+} [x] = 0$.

(4)　$\displaystyle \lim_{x \to 0-} [x] = -1$.

ただし，$[x]$ は x 以下の最大整数を表わす**ガウス記号**である．図 2.8 右図のように，例えば，$[2.1] = 2$, $[2] = 2$, $[1.9] = 1$ となる．なお，図 2.8 左図は $\frac{|x|}{x}$ の原点付近のグラフである．

Python 操作法 2.5（左右極限と `sympy.floor`）

　Python で左極限 $\displaystyle \lim_{x \to a-} f(x)$ を求めるには，SymPy ライブラリをインポートして，使用する記号を定義した後，

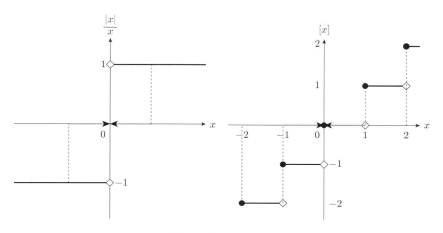

図 2.8 例 2.5 のグラフ

```
limit(f(x),x,a,'-')
```

と入力する．右極限 $\lim_{x \to a+} f(x)$ を求めるには，

```
limit(f(x),x,a,'+')
```

と入力する．

ガウス記号 [a] の値を求めるには，

```
floor(a)
```

とする． ∎

▶**演習 2.4.** 例 2.5 を Python で確かめてみよう．

演習 2.4 解答例

```
from sympy import *
var('x') # 記号の定義
print('(1)',limit(abs(x)/x,x,0,'-'))
print('(2)',limit(abs(x)/x,x,0,'+'))
print('(3)',limit(floor(x),x,0,'+'))
print('(4)',limit(floor(x),x,0,'-'))
```

72   第 2 章　関数

(1) −1

(2) 1

(3) 0

(4) −1   □

問 2.2　次の (1)〜(4) を手で計算して求めた後，Python で確かめよ.

(1) $\displaystyle\lim_{x\to 0-} \frac{-1}{x}$.

(2) $\displaystyle\lim_{x\to 0+} \frac{-1}{x}$.

(3) $\displaystyle\lim_{x\to 1-} (x - [x])$.

(4) $\displaystyle\lim_{x\to 1+} (x - [x])$.

定義 2.9（**連続関数**）　関数 $f(x)$ に対して，極限 $\displaystyle\lim_{x\to a} f(x)$ と関数値 $f(a)$ がともに存在して等しいとき，すなわち，

$$\lim_{x\to a} f(x) = f(a) \tag{2.2}$$

となるとき，関数 $f(x)$ は $x = a$ **で連続**である，あるいは**点 a で連続**であるという（図 2.9 参照）．区間 I の各点で $f(x)$ が連続のときは，$f(x)$ は**区間 I で連続**であるという．ただし，閉区間 $[a, b]$ の端点 a, b では

$$\lim_{x\to a+} f(x) = f(a), \qquad \lim_{x\to b-} f(x) = f(b)$$

のように (2.2) の左辺を右または左極限で置き換えるものとする．

　図 2.9 は連続関数と不連続関数のグラフを描いたものである．

注意 2.4.　関数 $f(x)$ が点 $x = a$ で連続であるとは，(2.2) より，

$$\lim_{x\to a} f(x) = f(a) = f(\lim_{x\to a} x)$$

ということであるから，極限 lim と関数 f の順序交換が出来ることを意味する．

例 2.6　$f(x) = x$ は，$-\infty < x < \infty$ で連続である．

　連続関数の定義と関数の四則演算についての極限公式（公式 2.1）より，次

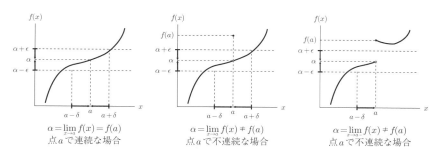

図 2.9 連続関数と不連続関数

の系を得る．

系 2.1（連続関数の四則演算） 関数 $f(x)$ と $g(x)$ が定義域内の各点で連続ならば，次の関数はその定義域内の各点で連続である．

(1) c を定数として，$cf(x)$．
(2) $f(x) \pm g(x)$．
(3) $f(x)g(x)$．
(4) $g(x) \neq 0$ のとき，$\frac{f(x)}{g(x)}$．

例 2.7（有理関数の連続性） 例 2.6 と系 2.1 より，有理関数は，分母が 0 となる点を除き，連続となる．

定理 2.1（合成関数の連続性） 2 つの連続な関数 $y = f(x)$ と $z = g(y)$ を合成した関数 $z = g(f(x))$ は，x の連続関数となる．

【証明】 注意 2.4 より，

$$\lim_{x \to x_0} g(f(x)) = g(\lim_{x \to x_0} f(x)) = g(f(x_0))$$

□

2.2 中間値の定理と最大値・最小値の定理 *

この節では，関数の連続性から導かれる重要な 2 つの定理をとりあげる．

次の中間値の定理は，k を定数としたときの方程式 $f(x) = k$ について，その解の存在について示している．

定理 2.2（中間値の定理） 関数 $f(x)$ が閉区間 $[a, b]$ で連続で $f(a) < f(b)$

ならば，$f(a) < k < f(b)$ である任意の k に対して

$$f(c) = k, \quad a < c < b$$

となる c が存在する．$f(a) > f(b)$ のときも同様である．

中間値の定理は，関数 $f(x)$ のグラフ（図 2.10 左図）を描けば明らかであると思われるが，ここでは，数値的に方程式の解を求める典型的方法である 2 分割法による証明を示しておく．

【証明】（2 分割法） $f(a) < 0 < f(b)$ として，$f(c) = 0$ となる $c \, (a < c < b)$ が存在することを示す．このことが示されれば，一般の連続関数 $f(x)$ に対して，$g(x) = f(x) - k$ とすれば，$g(x)$ は連続関数，かつ $g(a) < 0 < g(b)$ となるので，$f(c) = k$ となる $c \, (a < c < b)$ が存在することになる．

いま，$a_0 = a$, $b_0 = b$, $c_0 = \frac{a_0 + b_0}{2}$ として，

$$f(c_0) > 0 \text{ ならば } a_1 = a_0, \ b_1 = c_0,$$
$$f(c_0) \leq 0 \text{ ならば } a_1 = c_0, \ b_1 = b_0 \text{ として,}$$
$$c_1 = \frac{a_1 + b_1}{2}$$

とする．以下，同様にして $n = 2, 3, \cdots$ について，

$$f(c_{n-1}) > 0 \text{ ならば } a_n = a_{n-1}, \ b_n = c_{n-1},$$
$$f(c_{n-1}) \leq 0 \text{ ならば } a_n = c_{n-1}, \ b_n = b_{n-1},$$
$$c_n = \frac{a_n + b_n}{2}$$

として，$\{a_n, b_n, c_n : n = 1, 2, 3, \cdots\}$ を定義する．このとき，$\{a_n\}$ は上に有界な単調増加列，$\{b_n\}$ は下に有界な単調減少列となるから，有界な単調数列の収束性（定理 1.1）により，$\lim_{n \to \infty} a_n$, $\lim_{n \to \infty} b_n$ が存在する．さらに，$a \leq a_n < b_n \leq b \, (n = 1, 2, 3, \cdots)$ かつ，$b_n - a_n = \frac{b-a}{2^n} \to 0 \, (n \to \infty)$ であるから，$a < \lim_{n \to \infty} a_n = \lim_{n \to \infty} b_n < b$．一方，$\{a_n, b_n, c_n\}$ の定義より，

$$f(a_n) \leq 0 \leq f(b_n)$$

であるから，$c = \lim_{n \to \infty} a_n = \lim_{n \to \infty} b_n$ とすると，関数 f の連続性により，

$f(c) \leq 0 \leq f(c)$. すなわち，$f(c) = 0$ を得る． □

次の定理は，連続関数であれば，最大値と最小値が存在することを示している．証明は，グラフ（図 2.10 右図）を描くと明らかと思われるので省略する[12]．

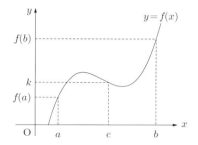 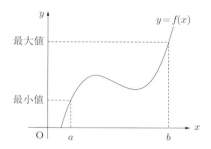

図 2.10 中間値の定理と最大値・最小値の定理

定理 2.3（**最大値・最小値の定理**） 閉区間 $[a, b]$ で連続な関数 $f(x)$ は，この区間で最大値と最小値をとる．

例 2.8 次の例は，最大値・最小値の存在のためには，定義域が閉区間であることが必要であることを示している．

(1) $f(x) = x^2$ は $[-1, 2]$ で連続で，最大値 4，最小値 0 をとる．
(2) $f(x) = \frac{1}{x}$ は $(0, 1)$ で連続だが，最大値も最小値もとらない．

▶**演習 2.5.** 例 2.8 のグラフを Python で描いてみよう．

演習 2.5 解答例

```
from sympy import *
var('x')
plot(x**2,(x,-1,2), size = (5,5), legend=True)
plot(1/x,(x,0,1), size = (5,5), ylim=(0,50), legend=True)
# 1/x->oo (x->0)なので，ylim=(0,50)とした．
```

出力は図 2.11． □

---

[12] 数学的な証明については，岩城 (2012) を参照．

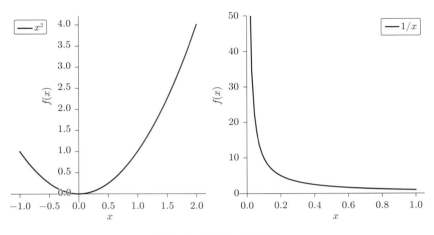

図 2.11 演習 2.5 解答例

2.3 指数関数と対数関数

定義 2.10 （指数関数）　$a > 0$, $a \neq 1$ である実数 a が与えられたとき，$y = a^x$ の形の関数を a **を底とする指数関数**という．定義域は $(-\infty, \infty)$，値域は $(0, \infty)$ であって，$(-\infty, \infty)$ で連続である[13]．

指数関数 $y = a^x$ は，$a > 1$ のときは狭義増加関数，$0 < a < 1$ のときは狭義減少関数であるから，逆関数が存在する．

定義 2.11 （対数関数と自然対数）
(1) 指数関数 $y = a^x$ の逆関数を $y = \log_a x$ で表し，a **を底とする対数関数**という．定義域は $(0, \infty)$，値域は $(-\infty, \infty)$ であって，$(0, \infty)$ で連続である．
(2) 特に，ネイピア数 e を底とする対数関数を**自然対数**関数といい，底 e を省略して $\log x$ もしくは $\ln x$ と書く．また，指数関数 e^x を $\exp(x)$ と書く．

以下では，指数関数，対数関数の底は，特に断らない限り，e とする．

---

[13] 指数関数の連続性の証明は割愛する．興味ある人は，例えば，青木・吉原 (1986) などを参照して欲しい．

Python 操作法 2.6 （指数関数 sympy.exp と対数関数 sympy.log）

SymPy ライブラリでは，ネイピア数は，E であり，指数関数 $\exp(x)$ と自然対数関数 $\log x$ は，それぞれ，exp()，log() で定義されている． ■

▶ **演習 2.6.** Python を使って，2 次元平面の描画範囲を $(x,y) \in [-4,4] \times [-4,4]$ として，ネイピア数 e を底とする指数関数，自然対数関数および，$y = x$ のグラフを描いてみよう．

演習 2.6 解答例

```
from sympy import *
var('x')
plot((x,(x,-4,4)),(exp(x), (x,-4,4)),
    (log(x), (x,E**(-4),4)),
    size=(5,5), ylim=(-4,4),
    legend=True, ylabel = False, xlabel = False)
```

出力結果は，図 2.12 のとおり． □

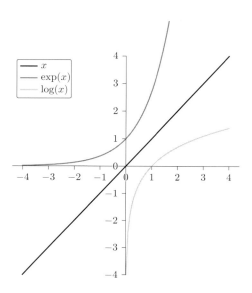

図 2.12 e を底とする指数関数と自然対数関数

78   第 2 章　関数

対数関数については次の公式が成立する.

公式 2.3（対数関数の公式） a は $a > 0$ かつ $a \neq 1$ となる実数として次が成立する.

(1) $\log_a 1 = 0$.

(2) $\log_a a = 1$.

(3) $\log_a(xy) = \log_a x + \log_a y$.

(4) $\log_a \frac{x}{y} = \log_a x - \log_a y$.

(5) $\log_a x^y = y \log_a x$.

(6) $\log_a x = \frac{\log_b x}{\log_b a}$. （底の変換公式）

(7) $a^x = \mathrm{e}^{x \ln a}$.

【証明】

(1) $a^0 = 1$ より明らか.

(2) $a^1 = a$ より明らか.

(3) $X = \log_a x$, $Y = \log_a y$ とおくと, $x = a^X$, $y = a^Y$. ゆえに

$$\log_a(xy) = \log_a(a^X a^Y)$$
$$= \log_a(a^{X+Y}) = X + Y = \log_a x + \log_a y.$$

(4) $X = \log_a x$, $Y = \log_a y$ とおくと, $x = a^X$, $y = a^Y$. ゆえに

$$\log_a \frac{x}{y} = \log_a \frac{a^X}{a^Y} = \log_a(a^{X-Y}) = X - Y = \log_a x - \log_a y.$$

(5) $X = \log_a x$ とおくと, $x = a^X$. ゆえに

$$\log_a x^y = \log_a \left(a^X\right)^y = \log_a \left(a^{Xy}\right) = Xy = y \log_a x.$$

(6) $X = \log_b x$, $A = \log_b a$ とおくと, $x = b^X$, $a = b^A$. ゆえに

$$\log_a x = \log_{b^A} b^X = \log_{b^A} \left(b^A\right)^{\frac{X}{A}} = \frac{X}{A} = \frac{\log_b x}{\log_b a}.$$

(7) $X = a^x$ とおくと, 対数関数の定義と (6) より, $x = \log_a X = \frac{\ln X}{\ln a}$.
　　ゆえに $x \ln a = \ln X$. 自然対数の定義から $X = \mathrm{e}^{x \ln a}$. 以上により,

2.3 指数関数と対数関数 79

$$a^x = \mathrm{e}^{x \ln a}.$$

□

問 2.3 次の式を証明せよ．ただし，a, b の値は正で 1 ではないとする．

(1) $\log_a x = \dfrac{\ln x}{\ln a}, \quad x > 0.$

(2) $\log_a b \log_b a = 1.$

注意 2.5. 問 2.3(1) より，任意の対数関数は，自然対数関数で表現できることに注意．

前章でネイピア数 e を定義（定義 1.8）したが，e は，次の公式のとおり関数の極限として表わすことができる．

公式 2.4（ネイピア数 e の関数極限による表現）

$$\lim_{x \to \infty} \left(1 + \frac{1}{x}\right)^x = \lim_{x \to -\infty} \left(1 + \frac{1}{x}\right)^x = \lim_{x \to 0} (1 + x)^{\frac{1}{x}} = \mathrm{e}.$$

【証明】 *

(i) $x > 1$ とする．n を

$$n \le x < n + 1 \tag{2.3}$$

を満たす自然数とすると，

$$1 + \frac{1}{n+1} < 1 + \frac{1}{x} \le 1 + \frac{1}{n}.$$

ゆえに

$$\left(1 + \frac{1}{n+1}\right)^n < \left(1 + \frac{1}{x}\right)^x < \left(1 + \frac{1}{n}\right)^{n+1}. \tag{2.4}$$

一方，関数の四則演算についての極限公式（公式 2.1）とネイピア数の定義（定義 1.8）より，

$$\lim_{n \to \infty} \left(1 + \frac{1}{n+1}\right)^n = \frac{\lim_{n \to \infty} \left(1 + \frac{1}{n+1}\right)^{n+1}}{\lim_{n \to \infty} \left(1 + \frac{1}{n+1}\right)} = \frac{\mathrm{e}}{1} = \mathrm{e},$$

かつ，

80 第 2 章 関数

$$\lim_{n \to \infty} \left(1 + \frac{1}{n}\right)^{n+1} = \lim_{n \to \infty} \left(1 + \frac{1}{n}\right)^n \lim_{n \to \infty} \left(1 + \frac{1}{n}\right) = e \cdot 1 = e.$$

よって，(2.3) と (2.4) より，$\displaystyle \lim_{x \to \infty} \left(1 + \frac{1}{x}\right)^x = e.$

(ii) $x < 0$ とする．$x = -y$ とおくと，

$$\begin{aligned}
\lim_{x \to -\infty} \left(1 + \frac{1}{x}\right)^x &= \lim_{y \to \infty} \left(1 - \frac{1}{y}\right)^{-y} \\
&= \lim_{y \to \infty} \left(\frac{y}{y-1}\right)^y \\
&= \lim_{y \to \infty} \left(1 + \frac{1}{y-1}\right)^{y-1} \lim_{y \to \infty} \left(1 + \frac{1}{y-1}\right) = e \cdot 1 = e.
\end{aligned}$$

(iii) $x = \frac{1}{z}$ とおくと，(i) と (ii) より，

$$\lim_{x \to 0+} (1 + x)^{\frac{1}{x}} = \lim_{z \to \infty} \left(1 + \frac{1}{z}\right)^z = e,$$

$$\lim_{x \to 0-} (1 + x)^{\frac{1}{x}} = \lim_{z \to -\infty} \left(1 + \frac{1}{z}\right)^z = e.$$

よって，

$$e = \lim_{x \to 0+} (1 + x)^{\frac{1}{x}} = \lim_{x \to 0-} (1 + x)^{\frac{1}{x}} = \lim_{x \to 0} (1 + x)^{\frac{1}{x}}.$$

$\square$

問 2.4 Python を用いて，公式 2.4 を確かめよ．

　本節最後に，対数関数と指数関数の微分法に必要な対数関数と指数関数の極限公式について述べる．

公式 2.5（対数関数と指数関数の極限）

(1) $\displaystyle \lim_{h \to 0} \frac{\log(1 + h)}{h} = 1.$

(2) $\displaystyle \lim_{h \to 0} \frac{e^h - 1}{h} = 1.$

2.3 指数関数と対数関数　　*81*

【証明】

(1)

$$\lim_{h \to 0} \frac{\log(1+h)}{h} = \lim_{h \to 0} \log(1+h)^{\frac{1}{h}}$$

$$= \log \left(\lim_{h \to 0} (1+h)^{\frac{1}{h}} \right) \quad \text{（対数関数の連続性）}$$

$$= \log e = 1. \quad \text{（e の関数極限による表現（公式 2.4））}$$

(2) $k = e^h - 1$ とおくと，$h = \log(1+k)$ であり，$k \to 0\,(h \to 0)$ だから，
(1) より，

$$\lim_{h \to 0} \frac{e^h - 1}{h} = \lim_{k \to 0} \frac{k}{\log(1+k)} = \lim_{k \to 0} \frac{1}{\frac{1}{k}\log(1+k)} = 1.$$

□

例 2.9　（対数関数と指数関数の極限公式（公式 2.5）の応用）

(1)　$\displaystyle \lim_{h \to 0} \frac{e^{a+h} - e^a}{h} = e^a \lim_{h \to 0} \frac{e^h - 1}{h} = e^a.$

(2)　$a > 0$ として，

$$\lim_{h \to 0} \frac{\log(a+h) - \log a}{h} = \lim_{h \to 0} \frac{1}{h} \log \left(\frac{a+h}{a} \right)$$

$$= \lim_{h \to 0} \frac{1}{h} \log \left(1 + \frac{h}{a} \right)$$

$$= \frac{1}{a} \lim_{k \to 0} \frac{1}{k} \log(1+k) = \frac{1}{a}.$$

ただし，ここで $k = \frac{h}{a}$ とおいた．

▶**演習 2.7.**　例 2.9 の結果を Python で確かめてみよう．

演習 2.7 解答例

```
from sympy import *
var('a h') # 記号の定義
print('(1) ', limit((exp(a+h)-exp(a))/h,h,0))
print('(2) ', limit((log(a+h)-log(a))/h,h,0))
```

(1) exp(a)

(2) 1/a

□

82　第 2 章　関数

問 2.5　次の極限を求めよ.

(1)　$\displaystyle\lim_{x \to 0} \frac{e^{3x} - 1}{2x}$.

(2)　$\displaystyle\lim_{x \to 1} \frac{e^x - e}{x - 1}$.

(3)　$\displaystyle\lim_{x \to e} \frac{\log x^e - e}{x - e}$.

2.4　マーケティングへの応用：広告効果の分析 (1)

　本章冒頭のケースを分析してみよう. 新商品マシュマロリップの広告戦略の立案にあたり, 現在は表 2.1 に基づき, 広告の掲載日数とアクセス数の関係性を予測する関数を検討していた. 本章で学習した内容に基づき, 単調減少関係にあることが明らかなため, 広告は掲載した当初が最も効果が高く, 次第に効果は減少していることがわかる.

　そこで, (A) 1 次関数的に減少していく線形モデルと (B) 対数関数的に減少していく対数モデルを想定し, どちらの方が当てはまりがよいか比較してみることにした. 1 日あたりアクセス数を y, 広告掲載日数を x とおくと,

（A）線形モデル

$$y = f(x) = -\alpha x + \beta.$$

とする.

　ここで, 実データ $\{(広告掲載日数, アクセス数) = (x_i, y_i), \cdots, (x_n, y_n)\}$ に最も適合する係数 (α, β) として, 実データとの差の 2 乗和 $\displaystyle\sum_{i=1}^{n}(y_i - f(x_i))^2$ が最小になるように α と β を求めると[14],

$$f(x) = -166.86x + 8515.52$$

となる.

---

[14] このように, 実データとの差の 2 乗和 $\displaystyle\sum_{i=1}^{n}(y_i - f(x_i))^2$ が最小になるように関数 $f(x)$ の係数を特定する方法を最小二乗法という. 詳しくは統計学で学習する.

(B) 対数モデル

$$y = f(x) = -\alpha \log(x) + \beta$$

とする.実データとの差の 2 乗和 $\sum_{i=1}^{n}(y_i - f(x_i))^2$ が最小になるように,係数 α と β を求めると,

$$f(x) = -1132.69 \log(x) + 9287.42$$

となる.

両者をグラフに示すと,図 2.13 のようになる.この図を見ると対数モデルの方が近似していることがわかる.つまり,広告の効果は対数変数的に変化していることが予想できる.このように,広告の効果は線形に変化するのではなく,指数関数・対数関数的に変化することが一般的に知られている.このような効果を「逓減効果」と呼ぶ.

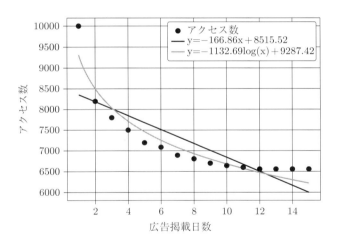

図 2.13 アクセス数分析と 2 つのモデル

では広告効果の関数が特定できると,具体的にどのような意思決定ができるのだろうか.これについては第 5 章の積分で学習する.本章の逓減効果および対数モデルを覚えておこう.

問 2.6 対数モデルと線形モデルに依拠した際,広告掲載から 20 日後の予測アクセス数はいくつになるか.Python を使って求めよ.

84   第 2 章　関数

2.5　ファイナンスへの応用：連続複利利子率

　ここでは，ネイピア数 e の関数極限による表現公式（公式 2.4）のファイナンスへの応用例として連続複利利子率をとりあげる．

例 2.10　　10,000 円を，年率 0.4% の年 n 回複利で，2 年預金した場合の 2 年後の元利合計は，

$$10,000 \times \left(1 + \frac{0.004}{n}\right)^{2 \times n}$$

であった（注意 1.8 参照）．では，ここで，$n \to \infty$ とした場合の 2 年後の元利合計は，いくらになるであろうか？
　$x = \frac{0.004}{n}$ とおくと，

$$\lim_{n \to \infty} 10,000 \left(1 + \frac{0.004}{n}\right)^{2n}$$
$$= \lim_{x \to 0} 10,000 \left(1 + x\right)^{2 \times \frac{0.004}{x}}$$
$$= 10,000 \left(\lim_{x \to 0} (1 + x)^{\frac{1}{x}}\right)^{2 \times 0.004} \quad \text{（指数関数の連続性）}$$
$$= 10,000 \times e^{2 \times 0.004} \quad \text{（ネイピア数 e の関数極限による表現（公式 2.4））}.$$

定義 2.12（**連続利子率**）　　元金 1 円に対する 1 年後の元利合計が e^r となるとき，r を年率**連続複利利子率**という．

例 2.11　　例 2.10 では，年率連続複利利子率は，0.4% である．

▶**演習 2.8.**　年率利子率を 0.4% として，100 万円を，

(1)　　年 1 回の複利，

(2)　　年 2 回の半年複利，

(3)　　連続複利

のそれぞれで 10 年運用した場合の 10 年後の元利合計を Python を使って求めてみよう．

練習問題　　　*85*

演習 2.8 解答例

```
from sympy import *
print('(1) 年 1 回の複利,     ',
      round(1000000*(1+0.004)**(10)),'円')
print('(2) 年 2 回の半年複利,',
      round(1000000*(1+0.004/2)**(2*10)),'円')
print('(3) 連続複利,         ',
      round(1000000*E**(0.004*10)),'円')
```

（1）年 1 回の複利，　　　 1040728　円

（2）年 2 回の半年複利， 1040769　円

（2）連続複利，　　　　　 1040811　円　　　　　　　　　　　□

◆練習問題◆

1 次の極限を求めよ．ただし，a は正の実数とする．

(1) $\displaystyle\lim_{x\to 0}\frac{(a+x)^n - a^n}{x}$, 　$n = 1, 2, 3, \cdots$.

(2) $\displaystyle\lim_{x\to 0}\frac{\log_a(1+x)}{x}$.

(3) $\displaystyle\lim_{x\to 0}\frac{a^x - 1}{x}$.

(4) $\displaystyle\lim_{x\to 1+}\frac{1}{x-1}$.

(5) $\displaystyle\lim_{x\to 1-}\frac{1}{x-1}$.

2 $f(x) = \log_a x$, $g(x) = a^x$ とすると，$g(f(x)) = f(g(x))$ が成立することを示せ．

3 次の関数の逆関数を求めよ．

(1) $y = \sqrt{1-x}$, 　$x < 1$.

(2) $y = \frac{1}{2}(e^x - e^{-x})$.

4 ある国の人口が年率 20% として連続的に増え続けるとすると，何年後に現在の 10 倍となるであろうか？　ただし，途中，死亡などによる人口減少はないものとする．

第 **3** 章
微分法

　微分法は，独立変数の変化量に対する関数値の変化量の極限を求める方法であり，関数を多項式で近似する際にも用いられる．独立変数の変化量に対する関数値の変化量を調べることや，複雑な関数を 2 次式などの簡単な関数で近似することは，経済や経営問題の分析には不可欠であり，そのための道具として微分法が必要となる．

【導入ケース】工場のコスト分析

　工場長であるあなたは，今月の予算達成状況の報告を受けて頭を抱えていた．ここ最近，製造コストが増加し，予算目標の未達の状態が続いていたのだ．

　何度も対策は打ってきたつもりであった．半年前には，製造原価が高騰している原因を部下に徹底的に調べさせ，作業途中の品質不良品に原因があることを突き止めていた．新しく製造を開始した新製品は設計図が複雑であったため，新しい製造工程に工員も慣れていなかった．そのため，検査工程で失敗品としてラインから弾かれて再加工しなければいけないものが急増していたのだ．

　そこで工場全体で品質不良ゼロを目標に掲げ，これを達成するために品質管理部長や製造部長に対策を命じ，品質管理部の人員を増やすとともに，品質研修の増加や品質チェック体制の強化などに取り組んできた．その甲斐もあってか 3 か月ほど前にはコストの予算目標を達成したことも何度かあったが，ここ最近は再度コストが増加し，予算目標の未達が続いていた．

　原因を突き止めるため，コンサルタントの指導の下で品質に関連するコストの詳細な分析を実施することにした．コンサルタントからは，品質に関連するコストは様々なトレードオフが存在するため，何かのコストをいたずらに操作することは，かえって工場全体のコストアップに繋がってしまう可能

88   第3章　微分法

性を指摘された．こうしたトレードオフ分析で活躍するのが，本章で学ぶ微分法である．どのようにコスト分析に活かすのかをイメージしながら学習していこう．分析例は3.6節で解説する．

学習ポイント

☑ 微分係数と導関数について理解する．

☑ 合成関数と逆関数の微分法を理解し，べき関数，指数関数，対数関数の導関数が求められる．

☑ 高次の導関数を理解し，べき関数，指数関数，対数関数の高次導関数が求められる．

☑ 関数の形状と2次までの導関数の関係を理解する．

☑ ロピタルの定理を理解し，不定形の極限が求められる．

☑ 関数のテーラー展開を理解し，べき関数，指数関数，対数関数のテーラー展開が求められる．

3.1　微分

はじめに，関数 $f(x)$ を x の n 次式で近似した際の誤差について議論するために，無限小について説明する．

定義 3.1 （無限小）

(1)　所与の実数 a に対して，関数 $f(x)$ が，$x \to a$ のとき $f(x) \to 0$ となるならば，$f(x)$ は $x \to a$ のとき**無限小**であるという．

(2)

$$\lim_{x \to a} \frac{f(x)}{(x-a)^n} = 0 \tag{3.1}$$

となるとき，これは，$x \to a$ としたとき $f(x)$ の方が $(x-a)^n$ より早く 0 に近づくということを意味しており，このことを $f(x)$ は n **位より高位の無限小**であるという．言い換えると a の近くにおいて，$f(x)$ と 0 との差が，x の n 次式 $(x-a)^n$ よりも小さいということを意味している．

　$f(x)$ が n 位より高位の無限小であることを記号 o （スモール・オー）を用いて次のように表わす．

$$f(x) = o(x-a)^n. \tag{3.2}$$

特に $n = 0$ のとき，すわなち $(x-a)^0 = 1$ のとき，

$$f(x) = o(1) \qquad (x \to a)$$

は，$x \to a$ のとき $f(x)$ が無限小であることを表している．

例 3.1

(1) m, n を $m > n$ となる自然数として，$(x-a)^m = o(x-a)^n$. これは，$x \to a$ としたとき，$m > n$ であれば，$0 \le |x-a|^m < |x-a|^n$ であり，$(x-a)^m$ の方が，$(x-a)^n$ より早く 0 に近づくことを意味している．

【証明】

$$\lim_{x \to a} \frac{(x-a)^m}{(x-a)^n} = \lim_{x \to a} (x-a)^{m-n} = 0.$$

ゆえに $(x-a)^m = o(x-a)^n$. □

(2)

$$e^x = 1 + x + o(x).$$

これは，指数関数 e^x を 1 次式 $1 + x$ で近似したとき，原点近くでの誤差が x より小さいということを意味している．

【証明】

$$\lim_{x \to 0} \frac{e^x - 1 - x}{x} = \lim_{x \to 0} \left(\frac{e^x - 1}{x} - 1 \right)$$
$$= \lim_{x \to 0} \frac{e^x - 1}{x} - 1$$
$$= 1 - 1 = 0. \quad (\text{指数関数の極限公式（公式 2.5)})$$

ゆえに $e^x - 1 - x = o(x)$. $-1 - x$ を右辺に移項して，$e^x = 1 + x + o(x)$.
□

▶ **演習 3.1.** 例 3.1 の (2) を Python で確かめてみよう．

90　第 3 章　微分法

演習 3.1 解答例

```
from sympy import *
var('x')
limit((E**x-1-x)/x,x,0)
```

0　　　　　　　　　　　　　　　　　　　　　　　　　□

問 3.1　次を示せ.

(1)　　$n = 1, 2, 3, \cdots$ として,　$x^n = a^n + na^{n-1}(x - a) + o(x - a)$.

(2)　　$\log(1 + x) = x + o(x)$.

⚠ **注意 3.1.** 問 3.1 の (1) は, n 次関数 x^n を 1 次関数 $a^n + na^{n-1}(x - a)$ で近似すると, 点 a 近くでの誤差が $x - a$ より小さいことを意味する. 一方, 問 3.1 の (2) は, 対数関数 $\log(1 + x)$ を 1 次関数 x で近似すると, 原点近くでの誤差が x より小さいことを意味している.

　ある区間を定義域とする関数 $y = f(x)$ が与えられたとする. この区間内の 1 点を a としたとき, a の近くで $f(x)$ の値を 1 次関数で近似することを考える. すなわち (x, y) 平面上において, 曲線 $y = f(x)$ を, 点 $(a, f(a))$ を通る直線で近似する.

　このとき, 関数 $f(x)$ と近似直線と差が, $x \to a$ としたとき無限小となるように直線を定めるとする. 近似する直線の傾きを m として, 近似直線の方程式を

$$y = f(a) + m(x - a)$$

としたとき,

$$f(x) = f(a) + m(x - a) + o(x - a).$$

となるように m を定めれば, $f(x)$ と近似関数 $f(a) + m(x - a)$ との差は, $x \to a$ としたとき無限小となる. そこで,

$$\lim_{x \to a} \frac{f(x) - f(a) - m(x - a)}{x - a} = \lim_{x \to a} \left(\frac{f(x) - f(a)}{x - a} - m \right) = 0, \quad (3.3)$$

すなわち $\displaystyle\lim_{x \to a} \frac{f(x) - f(a)}{x - a} = m$ となるように m を定めれば良い.

定義 3.2　（微分可能，微分係数，接線）　(3.3) の左辺の極限が存在する場

合，$f(x)$ は $x = a$ で**微分可能**であるといい，そのときの m の値を $f'(a)$ と表わし，$x = a$ における $f(x)$ の**微分係数**という．すなわち

$$f'(a) = \lim_{x \to a} \frac{f(x) - f(a)}{x - a}.$$

直線 $y = f(a) + f'(a)(x - a)$ を点 $(a, f(a))$ における $y = f(x)$ の**接線**という．

> **注意 3.2.**
> (1) 図 3.1 にあるとおり，曲線 $y = f(x)$ 上の点 $\mathrm{P}(a, f(a))$ と異なる点 $\mathrm{Q}(b, f(b))$ をとり，Q を P に限りなく近づければ
>
> $$\lim_{b \to a}(\mathrm{PQ} \text{ の傾き}) = \lim_{b \to a} \frac{f(b) - f(a)}{b - a} = \text{接線の傾き } f'(a)$$
>
> となっている．
> (2) $f(x)$ が微分可能であるとき，
>
> $$f(x) = f(a) + f'(a)(x - a) + o(x - a)$$
>
> であるから，
>
> $$\lim_{x \to a} f(x) = f(a)$$
>
> となる．したがって，$f(x)$ は $x = a$ で微分可能ならば連続である．

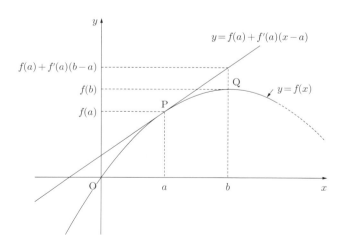

図 3.1 接線と微係数

92   第 3 章　微分法

例 3.2

(1)　$f(x) = e^x$ とすると，指数関数の極限公式（公式 2.5）より，

$$f'(0) = \lim_{x \to 0} \frac{e^x - 1}{x} = 1.$$

したがって，曲線 $y = e^x$ 上の点 $(0, 1)$ における接線の方程式は

$$y = f(0) + f'(0)(x - 0) = 1 + x.$$

(2)　$f(x) = \log x$ とすると，

$$f'(1) = \lim_{x \to 1} \frac{\log x - \log 1}{x - 1} = \lim_{x \to 1} \frac{\log(1 + x - 1)}{x - 1}$$

ここで，$h = x - 1$ として，対数関数の極限公式（公式 2.5）をもちいると

$$f'(1) = \lim_{h \to 0} \frac{\log(1 + h)}{h} = 1.$$

したがって，曲線 $y = \log x$ 上の点 $(1, 0)$ における接線の方程式は

$$y = f(1) + f'(1)(x - 1) = x - 1.$$

▶**演習 3.2.**　Python を使って次のグラフを描いてみよう．

(1)　$x \in [-1, 1]$ として，$y = e^x$ と点 $(0, 1)$ における接線のグラフ．

(2)　$x \in (0, 2]$ として，$y = \log x$ と点 $(1, 0)$ における接線のグラフ．

演習 3.2 解答例[1]

```
from sympy import *
var('x')
#(1)
plot(E**x, 1+x, (x, -1, 1), size=(5, 5), legend=True,
    ylabel=False)
#(2)
plot(log(x), x-1, (x, exp(-3), 2),  size=(5, 5),
```

---

[1] (2) では，定義域を (x, 0, 2) とすると，log x がエラーとなるので，(x, exp(-3), 0) とした

```
legend=True, ylabel=False)
```

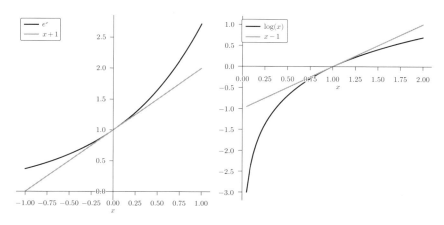

図 **3.2** 演習 3.2 解答例

問 **3.2** 次の曲線の与えられた点における接線の方程式を求めて，曲線と接線のグラフを描け．

(1) $y = x^3$, 点 $(1, 1)$.
(2) $y = e^x$, 点 $(1, e)$.
(3) $y = \log x$, 点 $(e, 1)$.

定義 **3.3**（**導関数**） 関数 $y = f(x)$ が区間 I の各点で微分可能なとき，$f(x)$ は**区間 I で微分可能**であるという．この場合，区間 I の各点に，その点での微分係数を対応させることで 1 つの関数が定義できる．この関数を $y = f(x)$ の**導関数**と呼び，

$$y', \ f'(x), \ \frac{dy}{dx}, \ \frac{d}{dx}f(x)$$

などの記号で表わす．すなわち，

$$f'(x) = \lim_{h \to 0} \frac{f(x+h) - f(x)}{h}$$

である．導関数 $f'(x)$ を求めることを $f(x)$ を**微分する**という．

94   第 3 章　微分法

$x = a$ における微分係数 $f'(a)$ は，導関数 $f'(x)$ の $x = a$ における値であるから，$f'(a)$ を $f'(x)|_{x=a}$ と書くこともある．

以下では，簡単化のため，取り扱う関数は考えている点または区間で微分可能であるとする．

公式 3.1 （べき関数と指数関数 e^x の導関数）

(1) $f(x) = c$ （c は定数）とすると　　　$f'(x) = 0.$

(2) $f(x) = x^n$ （n は自然数）とすると　$f'(x) = nx^{n-1}.$

(3) $f(x) = \mathrm{e}^x$ とすると　　　　　　$f'(x) = \mathrm{e}^x.$

【証明】

(1)

$$f'(x) = \lim_{h \to 0} \frac{f(x+h) - f(x)}{h} = \lim_{h \to 0} \frac{c - c}{h} = \lim_{h \to 0} \frac{0}{h} = 0.$$

(2)

$$f'(x) = \lim_{h \to 0} \frac{(x+h)^n - x^n}{h} = nx^{n-1}$$

ここで，最後の等式にはべき関数の極限公式（公式 2.2）をもちいた．

(3)

$$f'(x) = \lim_{h \to 0} \frac{\mathrm{e}^{x+h} - \mathrm{e}^x}{h} = \lim_{h \to 0} \mathrm{e}^x \frac{\mathrm{e}^h - 1}{h} = \mathrm{e}^x \lim_{h \to 0} \frac{\mathrm{e}^h - 1}{h} = \mathrm{e}^x.$$

ここで，最後の等式には，指数関数の極限公式（公式 2.5）をもちいた．

□

Python 操作法 3.1 （導関数を求める `sympy.diff`）

関数 $f(x)$ の導関数を求めるには，SymPy ライブラリをインポートして

```
from sympy import *
diff(f(x),x)
```

3.1 微分 **95**

とする. ∎

▶演習 3.3. べき関数と指数関数 e^x の導関数の公式（公式 3.1）を Python
で確かめてみよう.

```python
from sympy import *
var('a:z') # 記号の定義

print('(1)')
display(diff(c,x))
print('(2)')
display(simplify(diff(x**n,x)))
print('(3)')
display(diff(E**x,x))
```

(1)

0

(2)

nx^{n-1}

(3)

e^x [2)]

定義 3.4（微分）　変数 x が, ある x から $x+h$ まで変わるときの変動量
h を x の**増分**といって Δx で表わし[3)], これに対応する $y = f(x)$ の変動量
$f(x+\Delta x) - f(x)$ を y の増分といって Δy で表わす. Δx と Δy を使えば,
$f'(x)$ は次のように書ける.

$$f'(x) = \lim_{\Delta x \to 0} \frac{\Delta y}{\Delta x}.$$

また, これより,

$$\Delta y = f'(x)\Delta x + o(\Delta x)$$

である. この式の右辺第 2 項は, $\Delta x \to 0$ のとき Δx よりも高位の無限小で

[2)] `display()` を使ってネイピア数を表示させると e となる.
[3)] Δ は, ギリシャ文字 δ（delta と読む）の大文字でローマ字の D, d は, これから派生
した文字である.

96 第 3 章　微分法

あるから，右辺第 1 項 $f'(x)\Delta x$ が Δy の主要部分とみなせる．これを x に
おける $y = f(x)$ の**微分**と呼び，$\mathrm{d}y$ または $\mathrm{d}f(x)$ で表わす．　すなわち，

$$\mathrm{d}y = \mathrm{d}f(x) = f'(x)\Delta x. \tag{3.4}$$

特に $f(x) = x$ のときは，$f'(x) = 1$ であるから，

$$\mathrm{d}x = \Delta x. \tag{3.5}$$

すなわち，独立変数については増分と微分は一致する．また，(3.4) と (3.5)
より，微分については，次が成立する．

$$\mathrm{d}y = f'(x)\mathrm{d}x.$$

さらに，両辺を $\mathrm{d}x$ で割れば，

$$\frac{dy}{dx} = f'(x)$$

となる．

例 3.3　　べき関数と指数関数 e^x の導関数の公式（公式 3.1）より，次が成
立する．

(1) $n = 1, 2, 3, \cdots$ として $\mathrm{d}x^n = nx^{n-1}\mathrm{d}x$.
(2) $\mathrm{d}\mathrm{e}^x = \mathrm{e}^x\mathrm{d}x$.

公式 3.2（関数の四則演算についての導関数）

(1)　$(cf(x))' = cf'(x)$.　（c は定数）
(2)　$(f(x) \pm g(x))' = f'(x) \pm g'(x)$. (複号同順)
(3)　$(f(x)g(x))' = f'(x)g(x) + f(x)g'(x)$.
(4)　$\left(\dfrac{f(x)}{g(x)}\right)' = \dfrac{f'(x)g(x) - f(x)g'(x)}{g(x)^2}$.

【証明】　　(1) と (2) は，関数の四則演算についての極限公式（公式 2.1）と
導関数の定義から明らかである．

3.1 微分 **97**

(3) a を任意の実数とする．すると，

$$
\begin{aligned}
(f(a)g(a))' &= \lim_{x \to a} \frac{f(x)g(x) - f(a)g(a)}{x - a} \\
&= \lim_{x \to a} \frac{(f(x) - f(a))g(x) + f(a)(g(x) - g(a))}{x - a} \\
&= \lim_{x \to a} \frac{(f(x) - f(a))g(x)}{x - a} + \lim_{x \to a} \frac{f(a)(g(x) - g(a))}{x - a} \\
&\qquad (\text{ここで公式 2.1(2) をもちいた}) \\
&= \lim_{x \to a} \frac{f(x) - f(a)}{x - a} \lim_{x \to a} g(x) + f(a) \lim_{x \to a} \frac{g(x) - g(a)}{x - a} \\
&\qquad (\text{ここで，公式 2.1(1) をもちいた}) \\
&= f'(a)g(a) + f(a)g'(a).
\end{aligned}
$$

ただし，最後の等式には，$g(x)$ が微分可能としているので，$\lim_{x \to a} g(x) = g(a)$ となることをもちいている（注意 3.2 参照）．ここで，a は，任意の実数であったから，次が成立する．

$$
(f(x)g(x))' = f'(x)g(x) + f(x)g'(x).
$$

(4) a を任意の実数とする．すると，

$$
\begin{aligned}
\left(\frac{f(a)}{g(a)} \right)' &= \lim_{x \to a} \frac{\frac{f(x)}{g(x)} - \frac{f(a)}{g(a)}}{x - a} \\
&= \lim_{x \to a} \frac{(f(x) - f(a))\frac{1}{g(x)} + f(a)\left(\frac{1}{g(x)} - \frac{1}{g(a)} \right)}{x - a} \\
&\qquad \text{以下，公式 2.1 を繰り返し用いると} \\
&= \lim_{x \to a} \frac{f(x) - f(a)}{x - a} \frac{1}{g(x)} + \lim_{x \to a} f(a) \frac{\frac{g(a) - g(x)}{g(x)g(a)}}{x - a} \\
&= \lim_{x \to a} \frac{f(x) - f(a)}{x - a} \lim_{x \to a} \frac{1}{g(x)} - f(a) \lim_{x \to a} \frac{g(x) - g(a)}{x - a} \lim_{x \to a} \frac{1}{g(a)g(x)} \\
&= f'(a) \frac{1}{g(a)} - f(a)g'(a) \frac{1}{g(a)^2} \\
&= \frac{f'(a)g(a) - f(a)g'(a)}{g(a)^2}.
\end{aligned}
$$

ここで，a は，任意の実数であったから，次が成立する．

98　第 3 章　微分法

$$\left(\frac{f(x)}{g(x)}\right)' = \frac{f'(x)g(x) - f(x)g'(x)}{g(x)^2}.$$

□

問 3.3　次の関数を手で微分した後，Python で結果を確かめよ．

(1)　$y = x^6 - 2x^4 + 3x^2 - 4.$

(2)　$y = 2x^3 \mathrm{e}^x.$

(3)　$y = \frac{x+2}{3x+4}.$

3.2　合成関数と逆関数の微分法

定理 3.1　（合成関数の微分法）　$y = f(u)$, $u = g(x)$ のとき，合成関数 $y = f(g(x))$ について次が成立する．

$$\frac{\mathrm{d}y}{\mathrm{d}x} = \frac{\mathrm{d}y}{\mathrm{d}u} \times \frac{\mathrm{d}u}{\mathrm{d}x}.$$

【証明】　x の増分 Δx に対する u と y の増分をそれぞれ Δu と Δy とおけば，

$$\frac{\Delta y}{\Delta x} = \frac{\Delta y}{\Delta u} \times \frac{\Delta u}{\Delta x}$$

と書ける．ここで，u が x で微分可能であれば，$\Delta x \to 0$ とすると $\Delta u \to 0$ であるから

$$\lim_{\Delta x \to 0} \frac{\Delta y}{\Delta x} = \lim_{\Delta u \to 0} \frac{\Delta y}{\Delta u} \times \lim_{\Delta x \to 0} \frac{\Delta u}{\Delta x}.$$

したがって，微分の定義（定義 3.4）から，

$$\frac{\mathrm{d}y}{\mathrm{d}x} = \frac{\mathrm{d}y}{\mathrm{d}u} \times \frac{\mathrm{d}u}{\mathrm{d}x}.$$

□

例 3.4

(1) $y = \log|x|$, ただし，$x \neq 0$ とすると，$y' = \frac{1}{x}$.

　　【証明】　$y = \log u$, $u = |x|$ とおくと，

$$\frac{\mathrm{d}y}{\mathrm{d}u} = \lim_{h \to 0} \frac{\log(u + h) - \log u}{h}$$

$$= \lim_{h \to 0} \frac{\log\left(\frac{u+h}{u}\right)}{h}$$

$$= \lim_{h \to 0} \frac{1}{u} \frac{\log\left(1 + \frac{h}{u}\right)}{\frac{h}{u}}$$

ここで，$k = \frac{h}{u}$ とおくと，

$$= \frac{1}{u} \lim_{k \to 0} \frac{\log(1+k)}{k} = \frac{1}{u} = \frac{1}{|x|}.$$

ただし，最後から 2 番目の等式には，対数関数の極限公式（公式 2.5）をもちいた．また，

$$\frac{\mathrm{d}u}{\mathrm{d}x} = \begin{cases} 1, & x > 0 \\ -1, & x < 0 \end{cases}$$

$$= \frac{|x|}{x}.$$

以上により，

$$\frac{\mathrm{d}y}{\mathrm{d}x} = \frac{\mathrm{d}y}{\mathrm{d}u} \times \frac{\mathrm{d}u}{\mathrm{d}x} = \frac{1}{|x|} \frac{|x|}{x} = \frac{1}{x}.$$

$\square$

(2) $y = x^a$，ただし，$x > 0$ かつ a は任意の実数とすると，$y' = ax^{a-1}$.

【証明】 両辺の対数をとると[4]，$\log y = \log x^a = a \log x$.
両辺を x で微分すると，

$$\frac{\mathrm{d}\log y}{\mathrm{d}y} \frac{\mathrm{d}y}{\mathrm{d}x} = a \frac{\mathrm{d}\log x}{\mathrm{d}x}$$

ここで，(1) より，$\frac{\mathrm{d}\log y}{\mathrm{d}y} = \frac{1}{y}$ かつ $\frac{\mathrm{d}\log x}{\mathrm{d}x} = \frac{1}{x}$ となることを用いると，

$$\frac{1}{y} y' = a \frac{1}{x}.$$

したがって，

$$y' = a \frac{1}{x} y = a \frac{x^a}{x} = ax^{a-1}.$$

$\square$

---

[4] 両辺の対数をとった上で微分することに注意．このようにして微分する方法を**対数微分法**という．

100 第 3 章 微分法

(3) $y = a^x$, ただし, $x \neq 0$ かつ a は $a > 0, a \neq 1$ を満たす任意の実数とすると, $y' = a^x \log a$.

【証明】 対数関数の公式 (公式 2.3(7)) より, $y = a^x = \mathrm{e}^{x \log a}$. ここで, $t = x \log a$ とおいて, 合成関数の微分法を用いると,

$$y' = \frac{\mathrm{d}y}{\mathrm{d}x} = \frac{\mathrm{d}y}{\mathrm{d}t}\frac{\mathrm{d}t}{\mathrm{d}x} = \mathrm{e}^t \log a = \mathrm{e}^{x \log a} \log a = a^x \log a.$$

$\square$

例 3.4 の結果を公式としてまとめておく.

公式 3.3 （べき関数, 対数関数, 指数関数の導関数）

(1) $(\log |x|)' = \frac{1}{x}$. ただし $x \neq 0$.

(2) $(x^a)' = ax^{a-1}$. ただし, $x > 0$, a は任意の実数.

(3) $(a^x)' = a^x \log a$. ただし, $x \neq 0$ かつ a は $a > 0, a \neq 1$ の任意実数.

▶**演習 3.4.** Python で公式 3.3 を確かめてみよう.

演習 3.4 解答例

```
from sympy import *
var('a')
var('x', nonzero = True) #x を非ゼロとして定義

print('(1)')
display(simplify(diff(log(abs(x)),x)))
print('(2)')
display(simplify(diff(x**a,x)))
print('(3)')
display(diff(a**x,x))
```

(1)
$\dfrac{1}{x}$

(2)
ax^{a-1}

(3)
$a^x \log(a)$

$\square$

3.2 合成関数と逆関数の微分法　　*101*

問 3.4　次の関数を手で微分して，結果を Python で確かめよ．

(1)　　$y = (x^2 + 2x + 3)^4$.

(2)　　$y = \log(3x^2 + 2x + 1)$.

(3)　　$y = \mathrm{e}^{x^3}$.

(4)　　$y = \frac{2}{3x}$.

(5)　　$y = \log(x + 2\sqrt{x^2 + 1})$.

定理 3.2 （逆関数の微分法）　$y = f(x)$ の逆関数 $x = f^{-1}(y)$ については次が成り立つ．

$$\frac{\mathrm{d}x}{\mathrm{d}y} = \frac{1}{\frac{\mathrm{d}y}{\mathrm{d}x}}.$$

【証明】　x の増分 Δx に対する y の増分を Δy とすれば，

$$\frac{\Delta x}{\Delta y} = \frac{1}{\frac{\Delta y}{\Delta x}}$$

と書ける．ここで $y = f(x)$ が x で微分可能，かつ，$x = f^{-1}(y)$ が y で微分可能とすると，$\Delta y \to 0 (\Delta x \to 0)$ かつ $\Delta x \to 0 (\Delta y \to 0)$ なので，$\Delta x \to 0$ とすると，微分の定義（定義 3.4）から題意が成立する．　　□

例 3.5　対数関数の導関数公式（公式 3.3(1)）より，$y = \log|x| \ (x \neq 0)$ とすると $y' = \frac{1}{x}$ であった．これは，つぎのように逆関数の微分法を用いても導出できる．

$x > 0$ のとき，$y = \log|x| = \log x$ で，$x = \mathrm{e}^y$ であるから，

$$\frac{\mathrm{d}y}{\mathrm{d}x} = \frac{1}{\frac{\mathrm{d}x}{\mathrm{d}y}} = \frac{1}{\frac{\mathrm{d}\mathrm{e}^y}{\mathrm{d}y}} = \frac{1}{\mathrm{e}^y} = \frac{1}{x}.$$

$x < 0$ のとき，$y = \log|x| = \log(-x)$ で，$x = -\mathrm{e}^y$ であるから，

$$\frac{\mathrm{d}y}{\mathrm{d}x} = \frac{1}{\frac{\mathrm{d}(-\mathrm{e}^y)}{\mathrm{d}y}} = \frac{1}{-\mathrm{e}^y} = \frac{1}{x}.$$

したがって題意を得る．

これまでに学習した導関数の公式を表 3.1 にまとめておく．

102 第 3 章 微分法

表 3.1 微分法の公式 (導関数)

$f(x)$	$f'(x)$	
c	$0,$	c は定数
x^n	$nx^{n-1},$	n は自然数
x^a	$ax^{a-1},$	$x > 0,$ a は任意の実数
a^x	$a^x \log a,$	$x \neq 0,$ a は $a > 0, a \neq 1$ の任意の実数
e^x	$\mathrm{e}^x,$	$x \neq 0$
$\log|x|$	$\frac{1}{x},$	$x \neq 0$

3.3 高次導関数

定義 3.5（**第 n 次導関数**）　　関数 $y = f(x)$ の導関数 $f'(x)$ も x の関数であるから，$f'(x)$ の導関数を考えることができる．$f'(x)$ の導関数を $f(x)$ の**第 2 次導関数**といい，

$$y'', \ f''(x), \ \frac{d^2y}{dx^2}, \ \frac{d^2}{dx^2}f(x), \ D^2f(x)$$

などの記号で表わす．同様にして，第 3 次導関数，第 4 次導関数というように，可能ならば**第 n 次導関数**が定義できる．第 n 次導関数は，

$$y^{(n)}, \ f^{(n)}(x), \ \frac{d^ny}{dx^n}, \ \frac{d^n}{dx^n}f(x), \ D^nf(x)$$

などの記号で表わされる．$f^{(n)}(x)$ が存在するとき，$f(x)$ は n 回微分可能であるといい，特にすべての自然数 n について $f^{(n)}(x)$ が存在するとき，$f(x)$ は**無限回微分可能**であるという．なお，$n = 0$ のとき，すわわち $f^{(0)}$ は $f(x)$ を表わすものとする．

公式 3.4（べき関数，指数関数，対数関数の第 n 次導関数）

(1)　　a を実数として $f(x) = x^a$, $x > 0$, とすると

$$f^{(2)}(x) = a(a-1)x^{a-2},$$

$f^{(n)}(x) = a(a-1)\cdots(a-n+1)x^{a-n}$, ただし，$n = 3$ 以上の自然数.

(2)　　$f(x) = \mathrm{e}^x$ とすると $f^{(n)}(x) = \mathrm{e}^x$.

(3)　　$f(x) = \log|x|$, $x \neq 0$, とすると

$$f^{(n)}(x) = (-1)^{n-1}\frac{(n-1)!}{x^n}.$$

3.3 高次導関数   *103*

【証明】   帰納法で示す．$n = 1$ の場合は，表 3.1 より，(1)〜(3) が成立している．いま，k を 2 以上の任意の自然数として，$n = k - 1$ で与式が成立しているとすると，

(1)

$$f^{(k)}(x) = \frac{\mathrm{d}}{\mathrm{d}x} f^{(k-1)}(x)$$
$$= \frac{\mathrm{d}}{\mathrm{d}x} a(a-1)\cdots(a-k+2)x^{a-k+1}$$
$$= a(a-1)\cdots(a-k+2)\frac{\mathrm{d}}{\mathrm{d}x} x^{a-k+1}$$
$$= a(a-1)\cdots(a-k+2)(a-k+1)x^{a-k},$$

(2) $f^{(k)}(x) = \frac{\mathrm{d}}{\mathrm{d}x} f^{(k-1)}(x) = \frac{\mathrm{d}}{\mathrm{d}x}\mathrm{e}^x = \mathrm{e}^x,$

(3)

$$f^{(k)}(x) = \frac{\mathrm{d}}{\mathrm{d}x} f^{(k-1)}(x)$$
$$= \frac{\mathrm{d}}{\mathrm{d}x}(-1)^{k-2}\frac{(k-2)!}{x^{k-1}}$$
$$= (-1)^{k-2}(k-2)!\frac{\mathrm{d}}{\mathrm{d}x} x^{-(k-1)}$$
$$= (-1)^{k-2}(k-2)!(-(k-1))x^{-k}$$
$$= (-1)^{k-1}\frac{(k-1)!}{x^k}.$$

よって $n = k$ でも，(1)〜(3) が成立する．したがって数学的帰納法により，(1)〜(3) がすべての自然数 n で成立する．   □

Python 操作法 3.2 **（第 n 次導関数）**

Python で関数 $f(x)$ の第 n 次導関数を求めるには，Sympy ライブラリを読み込んで

```
diff(f(x),x,n)
```

とする．   ■

▶**演習 3.5.**   公式 3.4 の各関数 $f(x)$ について，第 2 次導関数と第 3 次導関数を Python で求めよ．

104　第3章　微分法

演習3.5 解答例 解答例

```
from sympy import *
var('a x')
var('n', integer=True, positive=True)

print('(1)')
display(simplify(diff(x**a,x,2)))
display(factor(simplify(diff(x**a,x,3))))
print('(2)')
display(diff(E**x,x,2))
display(diff(E**x,x,3))
print('(3)')
display(diff(log(x),x,2))
display(diff(log(x),x,3))
```

(1)
$ax^{a-2}(a-1)$
$ax^{a-3}(a-2)(a-1)$

(2)
e^x
e^x

(3)
$-\dfrac{1}{x^2}$
$\dfrac{2}{x^3}$

□

問 3.5　a を実数として，$f(x) = (1+x)^a\ (x > -1)$ とすると　$f^{(n)}(0) = n!\begin{pmatrix} a \\ n \end{pmatrix}$ となることを示せ．ただし，ここで，

$$\begin{pmatrix} a \\ n \end{pmatrix} = {}_a\mathrm{C}_n = \frac{a!}{n!(a-n)!} = \frac{a(a-1)\cdots(a-n+1)}{n!}$$

である．

3.4　関数の性質

簡単化のため，以下で考える関数は，その定義域において無限回微分可能

とする．

定義 3.6（**極大と極小**）　関数 $f(x)$ は a を内部に含むある区間で定義されているとする．a の十分近くのすべての x $(x \neq a)$ に対して

$$f(x) \leq f(a) \text{ ならば，} f(x) \text{ は } x = a \text{ で極大，}$$
$$f(x) \geq f(a) \text{ ならば，} f(x) \text{ は } x = a \text{ で極小}$$

であるといい，$f(a)$ をそれぞれ**極大値**，**極小値**といい，両者を合わせて**極値**という．

> **注意 3.3.** 図 3.3 は，極大と極小をグラフで表した例である．この図からもわかるように，一般に，極大値（極小値）と最大値（最小値）は，一致するとは，限らない．しかし，最大値（最小値）がグラフの端点以外の点であれば，最大値（最小値）は極大値（極小値）となる．

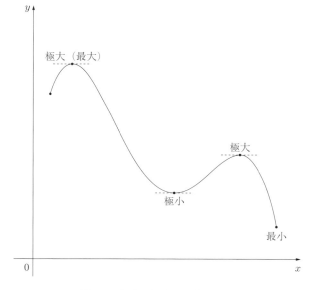

図 3.3　極大，極小，最大，最小

定理 3.3　関数 $f(x)$ が $x = a$ で極大または極小となるならば，$f'(a) = 0$ である．

106 第3章 微分法

【証明】 $x = a$ で極大になったとすると，a の近くのすべての x $(x \neq a)$ に対して，$f(x) \leq f(a)$. したがって

$$x > a \quad \text{ならば} \quad \frac{f(x) - f(a)}{x - a} \leq 0,$$

$$x < a \quad \text{ならば} \quad \frac{f(x) - f(a)}{x - a} \geq 0.$$

$f(x)$ は $x = a$ で微分可能であるから，$x \to a$ として

$$f'(a) \leq 0, \quad f'(a) \geq 0.$$

ゆえに $f'(a) = 0$ となる．$x = a$ で極小になる場合も同様にして証明できる．

$\square$

注意 3.4. 定理 3.3 は，$y = f(x)$ の点 a における接線の傾き $f'(a)$ がゼロであるということを意味している．

例 3.6 $f(x) = x^3 - x$ とすると，$x = -\frac{1}{\sqrt{3}}$ で極大，$x = \frac{1}{\sqrt{3}}$ で極小となるが[5]，$f'(x) = 3x^2 - 1$ であるから，

$$f'\left(\frac{1}{\sqrt{3}}\right) = f'\left(-\frac{1}{\sqrt{3}}\right) = 0.$$

次の例にあるように，定理 3.3 の逆が成立するとは限らない．

例 3.7 $f(x) = x^3$ とすると，$f'(x) = 3x^2$ であるから，$f'(0) = 0$ であるが，$f(x)$ は，単調増加関数であるから，$x = 0$ で極値とならない[6]．

Python 操作法 3.3 （記号代入 .subs メソッド）

SymPy の記号式の記号（文字列）に，数や記号を代入するには，.subs() メソッドを用いて，

---

5) 演習 3.6 参照．
6) 演習 3.6 参照．

.subs(代入される記号, 代入する記号)

とする. 例えば, f = a * x+ b という式の x に 2 を代入するのであれば,

f.subs(x,2)

とする. 複数の記号を代入するのであれば, (代入される記号, 代入する記号) を並べてリストにすればよい. 例えば, f の a に 1 を, b に 2 を代入するのであれば,

f.subs([(a,1), (b,2), (x,2)])

とする. ∎

▶**演習 3.6.** 例 3.6 と例 3.7 について, $f(x)$ のグラフを Python で描いて確かめてみよう.

演習 3.6 解答例

```
from sympy import *
x = Symbol('x')

f1=x**3-x; f1_prime = diff(f1,x)
display(f1)
x_0 = -1/sqrt(3); x_1 = 1/sqrt(3)
print('x=-1/sqrt(3)での微分係数 =',f1_prime.subs(x,x_0), ',',
      'x=1/sqrt(3)での微分係数 =',f1_prime.subs(x,x_1))

f2 =  x**3; f2_prime = diff(f2,x)
display(f2)
print('x=0での微分係数 =',f2_prime.subs(x,0))

# グラフ作成スクリプト
plot(f1, f1.subs(x,x_0), f1.subs(x,x_1), (x, -2, 2),
     ylim = (-2,2),xlabel=False, ylabel=False, legend=True)

plot(f2, (x, -2, 2),ylim = (-2,2), xlabel=False, ylabel=False,
     legend=True)
```

```
x^3 - x
x=-1/sqrt(3) での微分係数 = 0 , x=1/sqrt(3) での微分係数 = 0
x^3
x=0 での微分係数 = 0
グラフ出力結果は図 3.4.
```
□

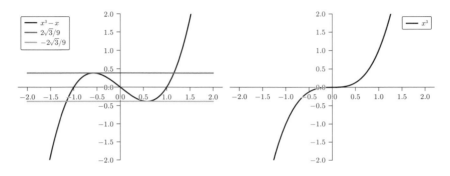

図 3.4 例 3.6 と例 3.7 の $f(x)$ のグラフ

　以下，定理 3.6 までは，基礎的な定理が続いていて，読者は退屈に思うかもしれない．そのようなときには，例 3.10 までをスキップして，定義 3.7（不定形の極限）以降を先に読んで，必要に応じて前に戻ることを勧める．

定理 3.4（**ロル (Rolle) の定理**）　関数 $f(x)$ $(a \leq x \leq b)$ について $f(a) = f(b)$ ならば

$$f'(c) = 0, \quad a < c < b$$

を満たす c が存在する．

　図 3.5 からわかるように，ロルの定理は，$f(a) = f(b)$ ならば，区間 (a, b) 内に接線の傾きが 0 となる点 c があるということを意味している．

ロルの定理の証明　関数 $f(x)$ が微分可能ならば連続であることに注意する[7]．最大・最小値の定理（定理 2.3）より，$f(x)$ は閉区間 $[a, b]$ で最大値と最小値が存在する．いま，$a < c < b$ であるような 1 点 c で最大値（最小値）をとったとすれば，$x = c$ で $f(x)$ は当然極大値（極小値）にもなっているから，定

---

[7] 注意 3.2(2) 参照．

理 3.3 より
$$f'(c) = 0.$$

もし，最大値（最小値）が $f(a) = f(b)$ ならば，$a < c < b$ であるような 1 点 c で最小値（最大値）をとるから，同様の理由によって $f'(c) = 0$ となる． □

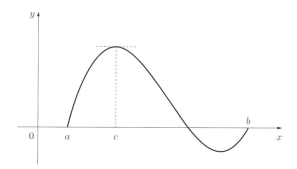

図 3.5 ロルの定理

例 3.8 （ロルの定理）　ロルの定理における c の値を次の場合について求めみよう．

(1)　$f(x) = x^3 - x^2, \quad 0 \leq x \leq 1.$
　　　$f(0) = f(1) = 0$ であるから，

$$f'(x) = 3x^2 - 2x = x(3x-2) = 0, \ 0 < x < 1$$

を満たす x，すなわち，$x = \frac{2}{3}$ が求める c の値である．

(2)　$f(x) = x^3 - x, \quad -1 \leq x \leq 1.$
　　　$f(-1) = f(1) = 0$ であるから，

$$f'(x) = 3x^2 - 1 = (\sqrt{3}x + 1)(\sqrt{3}x - 1) = 0, \ -1 < x < 1$$

を満たす x，すなわち，$x = -\frac{1}{\sqrt{3}}, \frac{1}{\sqrt{3}}$ が求める c の値である．

定理 3.5 （平均値の定理）　関数 $f(x)$ $(a \leq x \leq b)$ について，次の式を満たす c が存在する．

$$\frac{f(b)-f(a)}{b-a} = f'(c), \qquad a < c < b.$$

図 3.6 からわかるように，平均値の定理は，区間 (a,b) 内に，接線の傾きが，端点を結んだ直線の傾き $\frac{f(b)-f(a)}{b-a}$ と一致する点 c があるということを意味している．

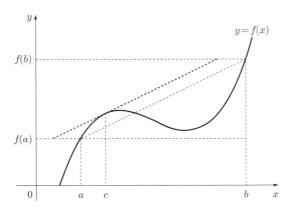

図 3.6 平均値の定理

【平均値の定理の証明】 2 点 $(a, f(a))$, $(b, f(b))$ を通る直線の方程式は

$$y = \frac{f(b)-f(a)}{b-a}(x-b) + f(b).$$

いま，

$$F(x) = f(x) - \frac{f(b)-f(a)}{b-a}(x-b) - f(b)$$

とおくと，$F(a) = F(b) = 0$ であるから，ロルの定理（定理 3.4）より $F'(c) = 0$ となる $c \in (a,b)$ が存在する．一方，

$$F'(c) = f'(c) - \frac{f(b)-f(a)}{b-a}$$

であるから，平均値の定理が成立する． □

例 3.9（平均値の定理） 平均値の定理における c の値を次の場合について求めてみよう．

(1)　　$f(x) = \log(1 + x)$　$(0 \leq x \leq 1)$.

$$\frac{f(1) - f(0)}{1 - 0} = \frac{\log 2 - \log 1}{1 - 0} = \log 2.$$

$$f'(x) = \frac{1}{1 + x} = \log 2$$

これを満たす x, すなわち $x = \frac{1}{\log 2} - 1$ が求める c の値となる. なお, $\log 2 \approx 0.69$ であるから, $0 < c < 1$ となっている.

(2)　　$f(x) = x^2$　$(-1 \leq x \leq 2)$.

$$\frac{f(2) - f(-1)}{2 - (-1)} = \frac{2^2 - (-1)^2}{3} = 1.$$

$$f'(x) = 2x = 1$$

これを満たす x, すなわち $x = \frac{1}{2}$ が求める c の値となる.

定理 3.6　（**コーシー (Cauchy) の平均値の定理**）　　関数 $f(x)$ と $g(x)$ はともに閉区間 $[a, b]$ で定義されているとする. もし, $[a, b]$ において $g'(x) \neq 0$ ならば, 次の条件を満たす c が存在する.

$$\frac{f(b) - f(a)}{g(b) - g(a)} = \frac{f'(c)}{g'(c)}, \quad a < c < b.$$

【証明】　　$g(b) = g(a)$ とすれば, ロルの定理より $g'(x_0) = 0$ となる x_0 $(a < x_0 < b)$ が存在することになり仮定に反する. よって $g(a) \neq g(b)$ である. いま,

$$F(x) = f(x) - \frac{f(b) - f(a)}{g(b) - g(a)} g(x)$$

とおくと $F(a) = F(b)$ となるので, ロルの定理より

$$F'(c) = f'(c) - \frac{f(b) - f(a)}{g(b) - g(a)} g'(c) = 0$$

となる c $(a < c < b)$ が存在する. すなわち,

$$\frac{f(b) - f(a)}{g(b) - g(a)} = \frac{f'(c)}{g'(c)}, \quad a < c < b.$$

112   第 3 章　微分法

を満たす c が存在する. □

! **注意 3.5.** $g(x) = x$ とすれば，コーシーの平均値の定理（定理 3.6）は平均値の定理（定理 3.5）に帰着する．しかし，逆が成立するとは限らない，なぜならば，平均値の定理において，c と c^* を，それぞれ，$\frac{f(b)-f(a)}{b-a} = f'(c)$ と $\frac{g(b)-g(a)}{b-a} = g'(c^*)$ となる点としたとき，$c = c^*$ とは限らないからである．

例 3.10 （コーシーの平均値の定理）　コーシーの平均値の定理（定理 3.6）において，

$$f(x) = x^3, \ g(x) = x^2, \quad a = 1, \ b = 2$$

のときの c を求めてみよう．

$$\frac{2^3 - 1^3}{2^2 - 1^2} = \frac{7}{3} = \frac{f'(x)}{g'(x)} = \frac{3x^2}{2x} = \frac{3}{2}x$$

を満たす x，すなわち $x = \frac{14}{9}$ が求める c の値となる．

定義 3.7 （不定形の極限）　一般に，形式的に次の形に書ける極限を**不定形の極限**という．

$$\frac{0}{0}, \quad \frac{\infty}{\infty}, \quad 0 \times \infty, \quad \infty - \infty, \quad 0^0, \quad 1^\infty, \quad \infty^0.$$

次のロピタルの定理を使うと，不定形の極限を求められる．

定理 3.7 （ロピタル **(L'Hospital)** の定理）　関数 $f(x)$ と $g(x)$ が微分可能で，$\lim_{x \to a} f(x) = \lim_{x \to a} g(x) = 0$, あるいは，$\lim_{x \to a} f(x) = \lim_{x \to a} g(x) = \infty$ のとき，a の近くで $g'(x) \neq 0$, かつ，$\lim_{x \to a} \dfrac{f'(x)}{g'(x)}$ が存在するならば，

$$\lim_{x \to a} \frac{f(x)}{g(x)} = \lim_{x \to a} \frac{f'(x)}{g'(x)}.$$

【証明】　(1) $\lim_{x \to a} f(x) = \lim_{x \to a} g(x) = 0$ の場合と (2) $\lim_{x \to a} f(x) = \lim_{x \to a} g(x) = \infty$ の場合に分けて証明する．

(1) はじめに，$-\infty < a < \infty$ として証明する．点 a の近くに点 x を $x > a$ となるようにとると，点 a の近くで $g'(x) \neq 0$ であることから，コーシーの平均値の定理（定理 3.6）を適用できる．f と g が微分可能であることから，$\lim_{x \to a} f(x) = \lim_{x \to a} g(x) = f(a) = g(a) = 0$ であることに注意する

と[8]，コーシーの平均値の定理から

$$\frac{f(x)}{g(x)} = \frac{f(x) - f(a)}{g(x) - g(a)} = \frac{f'(c)}{g'(c)}$$

となる $c\ (a < c < x)$ が存在する．ここで，$x \to a+$ とすると，$c \to a+$ となるから，

$$\lim_{x \to a+} \frac{f(x)}{g(x)} = \lim_{c \to a+} \frac{f'(c)}{g'(c)}.$$

同様に，点 x を $x < a$ となるようにとれば，$x < c < a$ として，

$$\lim_{x \to a-} \frac{f(x)}{g(x)} = \lim_{c \to a-} \frac{f'(c)}{g'(c)}.$$

したがって，$\displaystyle\lim_{x \to a} \frac{f'(x)}{g'(x)}$ が存在することから，

$$\lim_{x \to a} \frac{f'(x)}{g'(x)} = \lim_{x \to a\pm} \frac{f'(x)}{g'(x)} = \lim_{x \to a\pm} \frac{f(x)}{g(x)} \quad (\text{複号同順})$$

となり[9]，題意が成立する．

次に，$a = \infty\ (-\infty)$ のときについて示す．$x = \frac{1}{y}$ とおくと，x は $y \neq 0$ で y の狭義単調減少なので，$x \to \pm\infty$ と $y \to 0\pm$ は同値である（複号同順）．したがって，

$$\lim_{x \to \pm\infty} \frac{f(x)}{g(x)} = \lim_{y \to 0\pm} \frac{f\left(\frac{1}{y}\right)}{g\left(\frac{1}{y}\right)}$$

であるが，右辺は，$a = 0\pm$ の場合なので，はじめに示したことから，

$$\begin{aligned}
\lim_{y \to 0\pm} \frac{f\left(\frac{1}{y}\right)}{g\left(\frac{1}{y}\right)} &= \lim_{y \to 0\pm} \frac{\frac{\mathrm{d}}{\mathrm{d}y} f\left(\frac{1}{y}\right)}{\frac{\mathrm{d}}{\mathrm{d}y} g\left(\frac{1}{y}\right)} \\
&= \lim_{y \to 0\pm} \frac{-y^{-2} f'\left(\frac{1}{y}\right)}{-y^{-2} g'\left(\frac{1}{y}\right)} \\
&= \lim_{y \to 0\pm} \frac{f'\left(\frac{1}{y}\right)}{g'\left(\frac{1}{y}\right)} = \lim_{x \to \pm\infty} \frac{f'(x)}{g'(x)} \quad (\text{複号同順}).
\end{aligned}$$

---

[8] 注意 3.2(2) 参照．
[9] 左極限と右極限の定義（定義 2.8）参照．

114　第3章　微分法

ただし，2番目の等式には，合成関数の微分法（定理 3.1）を用いている．
よって，この場合も題意が成立している．

(2) a を $-\infty < a < \infty$ として，点 b と点 x を点 a の近くに $a < x < b$ とな
るようにとると，コーシーの平均値の定理から，

$$\frac{f(x) - f(b)}{g(x) - g(b)} = \frac{f'(c)}{g'(c)}$$

となる $c\ (x < c < b)$ が存在する．これより，

$$\frac{f(x)}{g(x)} = \frac{f(x)}{g(x)} \frac{g(x) - g(b)}{f(x) - f(b)} \frac{f'(c)}{g'(c)} = \left(\frac{1 - \frac{g(b)}{g(x)}}{1 - \frac{f(b)}{f(x)}} \right) \frac{f'(c)}{g'(c)}$$

を得る．

ここで，$x \to a+$ とすると，$\displaystyle\lim_{x \to a} f(x) = \lim_{x \to a} f(x) = \infty$ であること
から，

$$\lim_{x \to a+} \frac{f(x)}{g(x)} = \left(\frac{1 - \dfrac{g(b)}{\lim\limits_{x \to a+} g(x)}}{1 - \dfrac{f(b)}{\lim\limits_{x \to a+} f(x)}} \right) \lim_{x \to a+} \frac{f'(c)}{g'(c)} = \lim_{x \to a+} \frac{f'(c)}{g'(c)}.$$

さらにここで，$b \to a+$ とすると，$c \to a+,\ x \to a+$ となるので，結局，

$$\lim_{x \to a+} \frac{f(x)}{g(x)} = \lim_{x \to a+} \frac{f'(x)}{g'(x)}$$

を得る．同様に，点 x を $x < a$ となるようにとれば，

$$\lim_{x \to a-} \frac{f(x)}{g(x)} = \lim_{x \to a-} \frac{f'(x)}{g'(x)}.$$

したがって，この場合も，題意が成立する．さらに，$a = \pm\infty$ のときも
(1) での証明と全く同様にして題意が成立することが示せる．

□

不定形の極限を求めるとき，直接ロピタルの定理が使えない場合には，次
の例にあるように適当な変換によってロピタルの定理が使えるようにする．

3.4 関数の性質　　*115*

例 3.11 （不定形の極限）

$$\lim_{x \to 0+} x \log x = \lim_{x \to 0+} \frac{\log x}{\frac{1}{x}}$$

$$= \lim_{x \to 0+} \frac{\frac{1}{x}}{-\frac{1}{x^2}} \quad (ここで，ロピタルの定理をもちいた)$$

$$= \lim_{x \to 0+} (-x) = 0.$$

▶**演習 3.7.**　例 3.11 を Python で確かめてみよう．

演習 3.7 解答例

```
from sympy import *
var('x')
limit(x*log(x),x,0,'+')
```

0　　　　　　　　　　　　　　　　　　　　　　　　　　　□

問 3.6　次の極限を手で求めた上で，結果を Python で確かめよ．

(1)　$\displaystyle\lim_{x \to \infty} \frac{x^2}{e^x}$.

(2)　$\displaystyle\lim_{x \to 0+} x^x$.

次の定理にあるように関数 $f(x)$ の増減は，導関数の符号により判定できる．

定理 3.8

(1)　区間 $I \subset \mathbb{R}$ で $f'(x) = 0$ ならば $f(x)$ は I で定数関数．

(2)　区間 $I \subset \mathbb{R}$ で $f'(x) > 0$ ならば $f(x)$ は I で狭義増加関数．

(3)　区間 $I \subset \mathbb{R}$ で $f'(x) < 0$ ならば $f(x)$ は I で狭義減少関数．

【証明】　区間 I の任意の 2 点を x_1 と x_2 として，$x_1 < x_2$ とする．平均値の定理より

$$\frac{f(x_2) - f(x_1)}{x_2 - x_1} = f'(c) \tag{3.6}$$

となる c $(x_1 < c < x_2)$ が存在する．(3.6) より，

(1)　$f'(c) = 0$ ならば $f(x_1) = f(x_2)$，すなわち $f(x)$ の値は一定．

(2)　$f'(c) > 0$ ならば $f(x_1) < f(x_2)$，すなわち，$f(x)$ は狭義増加関数．

116   第 3 章　微分法

(3)　　$f'(c) < 0$ ならば $f(x_1) > f(x_2)$. すなわち，$f(x)$ は狭義減少関数.

$\square$

例 3.12　　例 3.6 の関数 $f(x) = x^3 - x$ は，$f'(x) = 3x^2 - 1 = \left(\sqrt{3}x + 1\right)\left(\sqrt{3}x - 1\right)$ であるから，

$$x < -\frac{1}{\sqrt{3}}, \frac{1}{\sqrt{3}} < x \text{ のとき } f'(x) > 0,$$

$$-\frac{1}{\sqrt{3}} < x < \frac{1}{\sqrt{3}} \text{ のとき } f'(x) < 0.$$

したがって

$$x < -\frac{1}{\sqrt{3}}, \frac{1}{\sqrt{3}} < x \text{ のとき 狭義増加関数,}$$

$$-\frac{1}{\sqrt{3}} < x < \frac{1}{\sqrt{3}} \text{ のとき 狭義減少関数}$$

である．このことは，図 3.4 の上の図からも明らかである．

問 3.7　　次の関数の増減を調べるとともに Python でグラフを描いて結果を確かめよ.

(1)　　$f(x) = x - 1 - \log(x)$. ただし，$x > 0$ とする.

(2)　　$f(x) = x + 1 - e^x$.

　次の定理は，関数とその接線の大小関係を示している．

定理 3.9

(1)　　区間 $I \subset \mathbb{R}$ の任意の 1 点を a とする．区間 I において，$f''(x) > 0$ ならば，

$$f(x) \geq f(a) + f'(a)(x - a) \tag{3.7}$$

　　　　であり，等号が成り立つのは $x = a$ のときに限る.

(2)　　区間 I において，$f''(x) < 0$ ならば，

$$f(x) \leq f(a) + f'(a)(x - a) \tag{3.8}$$

　　　　であり，等号が成り立つのは $x = a$ のときに限る.

　(3.7) は関数のグラフが接線の上側にあることを示しており，(3.8) は下側

3.4 関数の性質　　*117*

にあることを示している.

【定理 3.9 の証明】

(1)　　$g(x) = f(x) - f(a) - f'(a)(x - a)$ とおくと，$g(a) = 0$ であって,

$$g'(x) = f'(x) - f'(a), \qquad g'(a) = 0.$$

$f''(x) > 0$ だから，導関数 $f'(x)$ は狭義増加関数である．したがって

$$x < a \text{ のとき } g'(x) < g'(a) = 0 \text{ なので } g(x) \text{ は狭義減少関数,}$$

$$x > a \text{ のとき } g'(x) > g'(a) = 0 \text{ なので } g(x) \text{ は狭義増加関数.}$$

これより，$g(x)$ は $x = a$ のとき最小値 0 をとることになり，$g(x) \geq 0$.
すなわち，(3.7) が成立し，等号が成り立つのは $x = a$ のときに限ること
になる.

(2)　　(1) の証明において，$f''(x)$ の不等号を逆にして同様に証明できる. 　　□

例 3.13

(1)　　$\log x \leq \log 1 + (\log x)'|_{x=1} (x - 1) = x - 1, \quad x > 0.$
　　【証明】　　$(\log x)'' = \left(\frac{1}{x}\right)' = -\frac{1}{x^2} < 0 \; (x > 0)$ かつ $\log 1 = 0 = 1 - 1$
であるから定理 3.9 より不等号が成立する. 　　□

(2)　　$e^x \geq e^0 + (e^x)'|_{x=0} (x - 0) = x + 1, \quad -\infty < x < \infty.$
　　【証明】　　$(e^x)'' = e^x > 0$ かつ $e^0 = 1 = 0 + 1$ であるから定理 3.9 よ
り不等号が成立する. 　　□

▶**演習 3.8.**　　例 3.13 の各不等式の右辺と左辺のグラフを Python で同時に
描いて，不等式が成立していることを確かめよう.

演習 3.8 解答例

```
from sympy import *
var('x')
#(1)
plot(log(x),x-1,(x,E**(-2),2), axis_center=(1,0),legend=True)
#x=0でlog(x)がエラーとなるため，(x,E**(-2),2)とした
#x 軸，y 軸の交点 axis_center を(1,0)にした
```

```
#(2)
plot(E**x, x+1, (x,-2,2), legend=True)
```

出力結果は，図 3.7．　　　　　　　　　　　　　　　　　　　　　　□

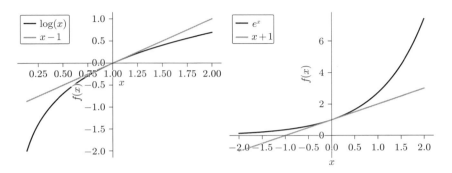

図 3.7　演習 3.8 のグラフ

問 3.8　次の不等式を導き，等号が成立する場合を調べよ．また，不等号の左辺と右辺のグラフを Python で同時に描いて結果を確かめよ．

(1)　$\frac{1}{x+1} \geq 1-x$,　$x > -1$.
(2)　$\log(x+1) \leq \frac{x+1}{e}$,　$x > -1$.

定義 3.8（凸関数と凹関数）　区間 I の異なる任意の 2 点 x_1, x_2 と，$0 < \alpha < 1$ を満たす任意の実数 α に対して，

$$f(\alpha x_1 + (1-\alpha)x_2) \underset{(\geq)}{\leq} \alpha f(x_1) + (1-\alpha)f(x_2)$$

が成り立つとき，f は区間 I で**凸**（**凹**）関数であるといい，不等式において等号を含まないとき，f は区間 I で**狭義凸**（凹）関数であるという．

図 3.8 にあるように，関数 f が凸関数であるとは，区間 $[x_1, x_2]$ において，点 $(x_1, f(x_1))$ と点 $(x_2, f(x_2))$ を結んだ直線より関数 f が下にあることを意味し，逆に f が凹関数の場合には，上にあることを意味している．

次の定理は，2 次導関数の符号が凸関数あるいは凹関数であるための十分条件を与えることを示している．

3.4 関数の性質　　119

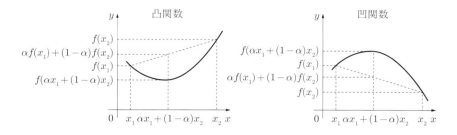

図 3.8　凸関数と凹関数

定理 3.10　（凸関数と凹関数の十分条件）
(1)　区間 I で $f''(x) > 0$ ならば f は I において狭義凸関数である．
(2)　区間 I で $f''(x) < 0$ ならば f は I において狭義凹関数である．

図 3.8 から明らかなように，関数 $f(x)$ の接線の傾き $f'(x)$ が狭義増加関数，すなわち，$f''(x) > 0$ であれば，狭義凸関数となる．逆に傾きが狭義減少関数，すなわち，$f''(x) < 0$ であれば，狭義凹関数となる．定理 3.10 は，このことを意味している．

【定理 3.10 の証明】
(1)　区間 I の異なる任意の 2 点 x_1, x_2 と，$0 < \alpha < 1$ となる任意の実数 α に対して，$\bar{x} = \alpha x_1 + (1-\alpha) x_2$ とおく．$\bar{x} \neq x_1$, $\bar{x} \neq x_2$ であるから，定理 3.9(1) より，$f''(x) > 0$ であるならば，

$$f(x_1) > f(\bar{x}) + f'(\bar{x})(x_1 - \bar{x}),$$
$$f(x_2) > f(\bar{x}) + f'(\bar{x})(x_2 - \bar{x}).$$

この 2 つの不等式に，それぞれ α と $1-\alpha$ を掛けて，足し合わせると，

$$\begin{aligned}
\alpha f(x_1) + (1-\alpha) f(x_2) &> \alpha f(\bar{x}) + \alpha f'(\bar{x})(x_1 - \bar{x}) \\
&\quad + (1-\alpha) f(\bar{x}) + (1-\alpha) f'(\bar{x})(x_2 - \bar{x}) \\
&= f(\bar{x}) + f'(\bar{x})(\alpha x_1 + (1-\alpha) x_2 - \bar{x}) \\
&= f(\bar{x}) = f(\alpha x_1 + (1-\alpha) x_2).
\end{aligned}$$

したがって，狭義凸関数の定義により，f は狭義凸関数である．

120   第 3 章　微分法

(2)　(1) の証明において不等式を逆にすれば良い.

□

例 3.14　次の関数は, 2 次導関数がいずれも正となることから, いずれも狭義凸関数となる.

(1)　x^{2n},　$x \neq 0$,　$n = 1, 2, 3, \cdots$.
(2)　x^{2n+1},　$x > 0$, $n = 1, 2, 3, \cdots$.
(3)　e^x.
(4)　$-\log x$,　$x > 0$.
(5)　$\frac{1}{x^n}$,　$x > 0$, $n = 1, 2, 3, \cdots$.

▶**演習 3.9.**　例 3.14 の各関数の 2 次導関数を Python で求めて, それが正であることを確かめてみよう.

演習 3.9 解答例

```
var('n x') # 記号の定義
print('(1)')
display(simplify(diff(x**(2*n), x, 2)))
print('(2)')
display(simplify(diff(x**(2*n+1), x, 2)))
print('(3)')
display(diff(E**x, x, 2))
print('(4)')
display(diff(-log(x), x, 2))
print('(5)')
display(simplify(diff(1/x**n, x, 2)))
```

(1)
$$2nx^{2n-2} \cdot (2n - 1)$$

(2)
$$2nx^{2n-1} \cdot (2n + 1)$$

(3)
$$e^x$$

(4)
$$\frac{1}{x^2}$$

(5)
$$nx^{-n-2}\,(n+1)$$
□

3.5 テーラー展開

関数 $f(x)$ が $x = a$ で微分可能なとき,

$$f(x) = f(a) + f'(a)(x - a) + o(x - a) \tag{3.9}$$

と表わされた.これは,関数 $f(x)$ を x の 1 次関数 $g(x) = f(a) + f'(a)(x-a)$ で近似すると,誤差が $o(x-a)$ であるということを意味していた.本節では,$f(x)$ を $x - a$ の n 次関数で近似して,誤差を $o(x-a)^n$ とすることを考える.もし,このことが可能であるならば,$o(x-a)^n$ が,n がより大きいほど,より高位の無限小であることから,次数 n が高いほど,より精度の高い近似式となる.また,何故このような近似を考えるかというと,例えば,$f(x) = e^x$ あるいは $f(x) = \log(x)$ のような複雑な関数の値を実際に計算しようとしたとき,四則演算ではその値を求めることは不可能であるが,n 次関数,すなわち,多項式であれば,四則演算のみでその値を求めることができるからである.

いま,(3.9) と同様に,関数 $f(x)$ を点 $x = a$ で $f(a) = g(a)$ となる $x - a$ の 2 次関数

$$g(x) = f(a) + \alpha_1(x - a) + \alpha_2(x - a)^2$$

で近似したとき,

$$f(x) = g(x) + o(x-a)^2 = f(a) + \alpha_1(x - a) + \alpha_2(x - a)^2 + o(x-a)^2$$

となるようにしたい.これには,係数 α_i $(i = 1, 2)$ を

$$f'(a) = g'(a), \ f''(a) = g''(a)$$

となるように定めれば良い.なぜならば,このとき,ロピタルの定理により

$$\lim_{x \to a} \frac{f(x) - g(x)}{(x - a)^2} = \lim_{x \to a} \frac{f'(x) - g'(x)}{2(x - a)} = \lim_{x \to a} \frac{f''(x) - g''(x)}{2} = 0$$

となり,

122 第3章 微分法

$$f(x) = g(x) + o(x-a)^2. \tag{3.10}$$

が成り立つことになるからである．このとき，

$$g'(x) = \alpha_1 + 2\alpha_2(x-a), \ g''(x) = 2\alpha_2$$

であるから，

$$\alpha_1 = f'(a), \ \alpha_2 = \frac{1}{2}f''(a)$$

となる．すなわち，

$$f(x) = f(a) + f'(a)(x-a) + \frac{f''(a)}{2}(x-a)^2 + o(x-a)^2$$

となる．

同様にして，一般に，g を $x-a$ の $n\,(n=1,2,3,\cdots)$ 次式として，

$$f(a) = g(a), \ f'(a) = g'(a), \ \cdots, \ f^{(n)}(a) = g^{(n)}(a) \tag{3.11}$$

となるように係数を定めると次を得る．

$$f(x) = g(x) + o(x-a)^n,$$

$$g(x) = f(a) + f'(a)(x-a) + \frac{f''(a)}{2!}(x-a)^2 + \cdots + \frac{f^{(n)}(a)}{n!}(x-a)^n.$$

すなわち，

$$\begin{aligned}
f(x) = \ &f(a) + f'(a)(x-a) + \frac{f''(a)}{2!}(x-a)^2 \\
&+ \cdots + \frac{f^{(n)}(a)}{n!}(x-a)^n + o(x-a)^n
\end{aligned} \tag{3.12}$$

が成立する[10]．

定義 3.9（テーラー展開とマクローリン展開）　(3.12) を関数 $f(x)$ の $x=a$ における**テーラー (Taylor) 展開**という．特に $a=0$ のときは，

$$f(x) = f(0) + f'(0)x + \frac{f''(0)}{2!}x^2 + \cdots + \frac{f^{(n)}(0)}{n!}x^n + o(x^n) \tag{3.13}$$

―――――――――――――――――――
[10] $(x-a)^n$ の係数の分母が n ではなく，n の階乗 $n! = n \times (n-1) \times (n-2) \times \cdots \times 2 \times 1$ となることに注意．

となる. (3.13) を関数 $f(x)$ の**マクローリン (Maclaurin) 展開**という.

(3.13) にべき関数, 指数関数, 対数関数の第 n 次導関数公式 (公式 3.4) を適用すると次の公式を得る[11].

公式 3.5 (マクローリン展開の公式)

(1)　$(1+x)^a = 1 + \begin{pmatrix} a \\ 1 \end{pmatrix} x + \begin{pmatrix} a \\ 2 \end{pmatrix} x^2 + \cdots + \begin{pmatrix} a \\ n \end{pmatrix} x^n + o(x^n)$ [12].

(2)　$e^x = 1 + x + \frac{x^2}{2} + \cdots + \frac{x^n}{n!} + o(x^n)$.

(3)　$\log(1+x) = x - \frac{x^2}{2} + \frac{x^3}{3} + \cdots + (-1)^{n-1}\frac{x^n}{n} + o(x^n)$.

Python 操作法 3.4 (テーラー展開 `sympy.series`)

Sympy ライブラリの `sympy.series` によってテーラー展開を求められる.

```
series(f(x),x,n=n, x0=a)
```

とすると, 関数 `f(x)` を $O(x-a)^n$ までテーラー展開する[13]. なお, `n=` と `x0=` は省略できる. `n=` を省略すると `n=6` としたことになり, `x0=` を省略すると, `x0=0` として展開 (マクローリン展開) する. ∎

▶**演習 3.10.**　Python を使って x^3 の項まで計算して, 公式 3.5 (マクローリン展開) が成立することを確認しよう.

演習 3.10 解答例

```
from sympy import *
```

---

[11] 公式 3.4 を参照して各自で確かめてほしい.

[12]
$$\begin{pmatrix} a \\ k \end{pmatrix} = {}_a\mathrm{C}_k = \frac{k!}{k!(a-k)!} = \frac{a(a-1)\cdots(1-k+1)}{k(k-1)\cdots 1}, \ k = 1, 2, \cdots, n.$$

[13] $O(x-a)^n$ (O はラージ・オー) は, $\lim_{n\to\infty} \frac{O(x-a)^n}{(x-a)^n}$ が定数となる関数を表し, $(x-a)^n$ と**同位の無限小**と呼ばれるもので, 高位の無限小 $o(x-a)^n$ (o はスモール・オー) と異なることにに注意. なお, $O(x-a)^{n-1} = o(x-a)^n$ である.

124 第3章 微分法

```
var('a x') # 記号の定義
print('(1)')
display(series((1+x)**a,x,n=4))
print('(2)')
display(series(E**x,x,n=4))
print('(3)')
display(series(log(1+x),x,n=4))
```

(1)
$$1 + ax + \frac{ax^2(a-1)}{2} + \frac{ax^3(a-2)(a-1)}{6} + O(x^4)$$

(2)
$$1 + x + \frac{x^2}{2} + \frac{x^3}{6} + O(x^4)$$

(3)
$$x - \frac{x^2}{2} + \frac{x^3}{3} + O(x^4)$$
□

3.6 会計学への応用：コストのトレードオフ分析

本章冒頭のケースを分析してみよう．この工場では，直行率と呼ばれる品質適合度の指標を使って生産管理していた．これは製造開始から品質検査を1回でパスして次工程の工場に出荷される割合を意味する．続いて，コンサルタントの指示に従い，品質関連コストを「品質管理コスト」と「失敗コスト」に分類して集計した．品質管理コストとは，その名の通り製品・サービスの品質を維持・工場させるために投入するコストを指す．具体的には，エラーを事前に防ぐための施策にかかるコストや，発生してしまったエラーをできるだけ早く検知するための検査コストなどが含まれる．対して失敗コストとは，品質不良が発生したことによる犠牲を意味する．具体的には，品質問題が発覚した製品を手直しするコストや，クレーム対応やリコール処理にかかるコストなどがある．表3.2に過去の品質適合度と品質コストを集計したデータを抜粋した．これを眺めていても実態はつかめないため，品質適合度と品質コストの関係性をグラフにして可視化してみる（図3.9）．

図3.9の通り品質適合度と品質コストは以下の3次関数に近似することがわかる．

表 3.2 　工場 X での品質適合度と品質コストの推移

年	月	品質適合度 (%)	品質管理コスト (¥)	失敗コスト (¥)	品質コスト合計 (¥)
2020	1	84.14	318,301	59,998	378,299
2020	2	80.69	321,214	76,870	398,084
2020	3	86.90	362,986	54,719	417,706
⋮	⋮				⋮
2022	4	85.52	289,759	49,061	338,820
2022	5	91.03	257,866	25,410	283,276
2022	6	92.41	227,413	18,678	246,091

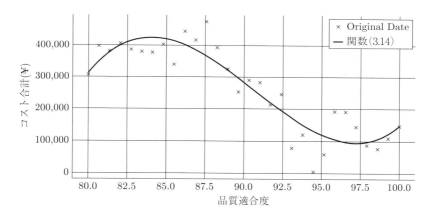

図 3.9 　品質適合度と品質コストの推移

$$y = 290.66x^3 - 79,043.29x^2 + 7,127,353.16x - 212,819,294. \quad (3.14)$$

y を x で微分して極値を求めてみると

$$y' = 3 \times 290.66x^2 - 2 \times 79,043.29x + 7,127,353.16 = 0 \quad (3.15)$$

よって，品質適合度約 84.07%のとき合計コストは約 424,288 円（極大値）となり，品質適合度約 97.23%のとき合計コストは約 92,883 円（極小値）となる．つまり工場 X では，概ね品質適合度が上がると失敗コストが減少する一方で，品質適合度 97.23%を超えると，品質管理のためのコストが青天井に上昇してしまうため，かえって企業の収益性を悪化させている可能性が指摘できる．この製造環境のもとでは，品質目標はいたずらに高く設定するのではなく，97.23%程度の水準を目標として品質管理をすることが適切であること

126 第3章 微分法

がデータから導けた.

つまり, 同工場ではいたずらに品質向上を目指していたため, 品質改善から得られる効果を上回って品質向上のためにコストを投じていたのだ. その結果, 一時的にコスト目標を達成する月があったものの, ここ最近ではかえってコストが増加し, 予算目標が達成できていなかったことがわかった.

問 3.9 (3.14) と (3.15) より, 品質コストの極大値は品質適合度約 84.07% のときで, そのときの合計コストは約 424,288 円となること, また, 品質コストの極小値は品質適合度約 97.23% のときで, そのときの合計コストは約 92,883 円となることを確かめよ.

品質とコストのトレードオフと PAF 法 *

本節で紹介した品質とコストの分析方法は, 品質管理と原価計算の考え方を合わせた品質原価計算という手法の一部である. 本章では状況を単純化したが, 実際にはもう少し色々な考え方があるため, その一部を紹介する.

品質原価の分類方法は, PAF 法 (Prevention, Appraisal and Failure approach) というフレームワークが主要なもので, ケース分析で利用した分類も PAF 法の一部である.

そして PAF 法に準拠してコスト最小化を目指す際には, 2 つのモデルが存在する. 1 つが「伝統的コストモデル」と呼ばれる考え方である (図 3.10 左). 図の通り, 品質管理コストと失敗コストがトレードオフの関係にあることを前提とする考え方である. つまり品質不良ゼロを志向すると, 当然失敗コストは低下していく一方で, 品質管理コストは指数関数的に上昇していくという前提に立つ. トータルのコスト (＝品質管理コスト＋失敗コスト) は, ある程度の欠陥品を許容した方がかえって低下することがわかる. 端的に言えば, ある程度の欠陥品が発生してしまうことはやむを得ず, 欠陥品ゼロを目指すと莫大なコストがかかるため, ほどほどの品質水準を目指そうということである.

それに対してゼロディフェクトモデル (図 3.10 右) は, 欠陥品ゼロこそがトータルのコストの最小化に繋がることを主張する. 徹底した改善活動を行っていけば, 効率的に品質管理コストをかけることで欠陥品ゼロを達成することができるという立場に立つ. したがってこのモデルのもとでは, 徹底した品質管理による欠陥品ゼロを目指すことになる.

なお，この2つのモデルはどちらが正しいというわけではない．事業や扱っている製品・サービスの特徴によってコストの動きは異なる上に，どこまでのコストを失敗コストや品質管理コストに組み入れるかなどによっても異なる．企業では自社の状況や目指す戦略に応じて，品質コストを分析し，目指すべき品質水準を掲げることが重要となる．

トータルの品質コストについて，図3.10の例では2次関数や単調減少関数を想定したが，実際の現場ではそのように単純な関数とは限らない．複数の極値があり，ある点をもって上昇や減少を繰り返すような3次関数・4次関数的な動きをすることや，指数関数的に変化することもある．

現代では，過去の品質やコストのデータを収集して，統計ソフトやExcelを活用することで近似する関数の推定が容易にできる．推定された関数の極値を求めることで，企業が目指すべき品質水準を明らかにすることができる．まさしく経営において，関数や微分の知識が活きる場面と言えよう．

表 3.3　PAF法によるコスト分類

	PAF分類	定義	コストの例
品質管理コスト	予防コスト	品質上の欠陥を防止するために支出するコスト	品質研修費，品質管理費用
	評価コスト	品質を検査しレベルを維持するためのコスト	品質検査費，アラート機器の導入費
失敗コスト	内部失敗コスト	出荷前に発見された品質不良によって生じるコスト（損失）	仕損費，手直し費，廃棄費用
	外部失敗コスト	出荷後に発覚した品質不良に対応するためのコスト（損失）	苦情対応費用，リコール処理費用

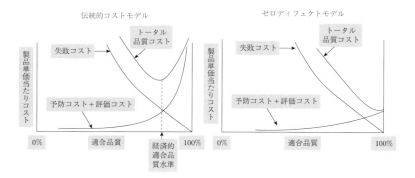

図 3.10　品質コストを巡る2つのモデル

128 第 3 章 微分法

3.7 ファイナンスへの応用：デュレーションとコンベクシティ

満期 T 年，額面金額 F 円，毎年，C 円のクーポン支払いのある利付債を考える．年率複利利子率 r を割引率とする現在価値が現在価格[14]となるとすると，この利付債の現在価格は，r の関数として，

$$P(r) = \frac{C}{1+r} + \frac{C}{(1+r)^2} + \cdots + \frac{C+F}{(1+r)^T} \tag{3.16}$$

と与えられる（例 1.15 参照）．よって，金利の増分（変動量）を Δr としたときの，債券価格の増分は，

$$\Delta P(r) = \frac{\mathrm{d}P(r)}{\mathrm{d}r}\Delta r + o(\Delta r) \tag{3.17}$$

となる．ファイナンスでは，

$$D(r) = -\frac{\mathrm{d}P(r)}{\mathrm{d}r}\frac{1+r}{P(r)}$$

をマコーレー (Macauley) の**デュレーション**と呼んでいる．$o(\Delta r)$ を無視すると，(3.17) より，

$$\Delta P(r) \approx -D(r)P(r)\frac{\Delta r}{(1+r)}. \tag{3.18}$$

デュレーションは，その定義から，債券価格の金利変化に対する感応度を表す尺度とみなせる．一方，(3.16) より，

$$D(r) = \frac{1}{P(r)}\left(1\frac{C}{1+r} + 2\frac{C}{(1+r)^2} + \cdots + T\frac{C+F}{(1+r)^T}\right).$$

であり，

$$\frac{1}{P(r)}\left(\frac{C}{1+r} + \frac{C}{(1+r)^2} + \cdots + \frac{C+F}{(1+r)^T}\right) = 1.$$

となることに注意すると，デュレーションは，満期までの各キャッシュを受け取るまでの期間 $(1, 2, \cdots, T)$ を，受け取るキャッシュの現在価値

---
[14] 現在価値は経済主体の評価価値なので，一般には，現在価値と現在価格は一致するとは限らない．

$\left(\frac{C}{1+r}, \frac{C}{(1+r)^2} \cdots, \frac{C+F}{(1+r)^T}\right)$ を加重値として加重平均したものとなっている.このことから,$D(r)$ はデュレーション (duration) と呼ばれている.

▶**演習 3.11.** クーポン・レート 5%,額面 100 円,満期 5 年後の債券で,金利が 5% のときのデュレーションを求めよ.ただし,クーポンの支払いは,いまから丁度 1 年後から毎年 1 回ずつとする.

演習 3.11 解答例

```python
# F=額面, C=クーポンとし,
# 債券価格を金利r の関数として定義する
from sympy import *
var('C F n r') # 記号の定義
def P(r):
    return summation(C/(1+r)**n, (n, 1,5))+F/(1+r)**5
# デュレーションを金利r の関数として定義する
def D(r):
    return (summation(n*C/(1+r)**n, (n, 1,5))+5*F/(1+r)**5)/P(r)

F=100; C=0.05*F
print('デュレーション =', round(D(0.05),2))
```

デュレーション = 4.55　　　　　　　　　　　　　　　　　　　　　□

問 3.10 演習 3.11 の債券について,金利が 5% から,1% 下落した場合と,1% 上昇した場合について,それぞれ債券価格がどのくらい変化するかを,(3.18) の近似式を用いて求めよ.

債券価格が金利 r の関数として (3.16) の $P(r)$ で与えられているとする.このとき,金利の増分(変動量)を Δr としたときの,債券価格の変動量を ΔP とすると,テーラー展開により,

$$\Delta P = \frac{\mathrm{d}P(r)}{\mathrm{d}r}\Delta r + \frac{1}{2}\frac{\mathrm{d}^2P(r)}{\mathrm{d}r^2}(\Delta r)^2 + o(\Delta r)^2 \tag{3.19}$$

となる.ファイナンスでは,

$$C_o(r) = \frac{\mathrm{d}^2P(r)}{\mathrm{d}r^2}\frac{(1+r)^2}{P(r)}$$

を**コンベクシティ**と呼んでいる.(3.19) より,デュレーションとコンベクシ

130   第3章 微分法

ティを用いると，債券価格の変化量は，次のように近似表現できる．

$$\Delta P(r) \approx P(r) \left(-D(r)\frac{\Delta r}{1+r} + \frac{1}{2}C_o(r)\left(\frac{\Delta r}{1+r}\right)^2 \right). \qquad (3.20)$$

ただし，ここで，$D(r)$ はマコーレーのデュレーションである．なお，コンベクシティは，(3.16) より，

$$C_o(r) = \frac{1}{P(r)} \left((1 \times 2)\frac{C}{1+r} + (2 \times 3)\frac{C}{(1+r)^2} \right.$$
$$\left. + \cdots + (T \times (T+1))\frac{C+F}{(1+r)^T} \right)$$

となる．

▶**演習 3.12.**　　演習 3.11 と同じ仮定と記号の下で，金利が 5% のときのコンベクシティを求めてみよう．

演習 3.12 解答例

```
from sympy import *
var('n,r') # 記号の定義
# F=額面, C=クーポン
F=100
C=0.05*F

# 債券価格式
def P(r):
    return summation(C/(1+r)**n, (n, 1,5))+F/(1+r)**5

# コンベクシティ
Co = diff(P(r),r,2)*(1+r)**2/P(r)

print('コンベクシティ =', round(Co.subs(0.05),2))

# コンベクシティをr の関数として定義
def Co(r):
    return (summation(n*(n+1)*C/(1+r)**n,(n,1,5))
    +5*6*100/(1+r)**5)/P(r)
```

```
print('コンベクシティ =', round(Co(0.05),2))
```

```
コンベクシティ = 26.39
コンベクシティ = 26.39                                              □
```

問 3.11 演習 3.12 の債券について，金利が 5% から 1% 上昇した場合と 1% 下落した場合について，それぞれ債券価格がいくら変化するのか，近似式 (3.20) を用いて求めよ．

◆練習問題◆

1 y を時刻 $t \geq 0$ の関数とすると，$\frac{dy}{dt}$ は，y の t に関する瞬間的な変化率を表している．ここで，$y(t)$ を時刻 t における預金額とすれば，$\frac{y'(t)}{y(t)}$ は，時刻 t における瞬間的な利子率を表している．いま，r を正の定数として，$y(t) = y(0)e^{rt}$ とすると，$\frac{y'(t)}{y(t)} = r$ となることを確かめよ．

2 C をある財の消費量として，$u(C)$ は，ある個人の当該財消費の満足度，すなわち，**効用**を表すものとする．消費量の無限小変化量に対する効用変化の割合，$\lim_{\Delta \to 0} \frac{u(C + \Delta) - u(C)}{\Delta} = u'(C)$ を**限界効用**と呼ぶ．限界効用は，消費量が大きいほど効用が大きいと考えられるので，$u'(C) > 0$ である．一方，消費の増加量 Δ に対する効用増加の割合は，消費量 C が大きくなるにつれて小さくなると考えられるので，$u''(C) < 0$ である．このことを，経済学では，**限界効用逓減の法則**と言っている．限界効用 1 単位あたりの限界効用の逓減の割合をあらわす $-\frac{u''(C)}{u'(C)}$ を**絶対的リスク回避度**と呼んでいる．一方，絶対的危険回避度の逆数を**絶対的リスク耐性度**と呼んでいる．

$\alpha > 0$, β, γ を定数として，

$$u(C) = \alpha \left(\beta + \frac{C}{\gamma}\right)^{1-\gamma} \tag{3.21}$$

となる効用関数を **HARA (Harmonic Absolute Risk Aversion) 型効用関数**という．HARA 型効用関数は，絶対的リスク耐性度が C の 1 次式となることを確かめよ．

3 (1) ある独占企業の製品販売量 y は，価格 x の関数 $y = f(x)$ で与えられるとする．価格を無限小変化させたときの，販売量の変化率を考える．同一の価格変化量に対する販売量の変化率は，変化前の価格の大きさによって異

132　第 3 章　微分法

なると考えられるので，単位価格当たりの変化率に対する単位販売量当たりの変化率の比を考える．

$$-\lim_{\Delta x \to 0} \frac{\frac{f(x+\Delta x)-f(x)}{y}}{\frac{\Delta x}{x}} = -\frac{x}{y}\frac{\mathrm{d}y}{\mathrm{d}x}.$$

を**価格弾力性**といい，価格を 1 単位上げたときの，販売量に対する影響の大きさを測る尺度として用いられている．

$$価格弾力性 = -\frac{\mathrm{d}\log y}{\mathrm{d}\log x}.$$

となることを示せ．

(2) 企業の収入 R が販売量 y の関数であるとして，販売量を無限小変化させたときの，販売量変化量に対する収入の変化率 $\frac{\mathrm{d}R}{\mathrm{d}y}$ を**限界収入**という．いま，$R = xy$ とする．このとき，価格弾力性を η で表すと，

$$\frac{\mathrm{d}R}{\mathrm{d}y} = x\left(1 - \frac{1}{\eta}\right),$$

となることを示せ．

第 **4** 章
多変数関数と偏微分

　前章までは 1 変数の関数のみを扱った．本章では，これを一般化して多変数関数を扱う．経営学でも，多変数関数によるモデル化はよく行われている．本章では，他の変数の値を所与として特定の一変数の値（インプット）が変化したときの関数値（アウトプット）の変化を分析するための偏微分法について学習する．

【導入ケース】テーマパークのマーケティング戦略の検討

　テーマパークのマーケティング責任者であるあなたは，来週の天気予報を見て頭を悩ませていた．年間の中でも最も来場者数が多い 8 月に相次いで台風が直撃する予報が出ていたのだ．

　これまでに収集してきたデータ分析から，8 月の来場者数は「チケットの価格」「広告宣伝費の支出」「雨天日数」の 3 要因によって，決定することがわかっていた．予報通りに台風直撃した場合は，来場者数がどの程度減るのか，またその対応としてどのような施策を打つべきなのかを部下とともに議論していた．

　部下からは以下の 2 案が提案されてきた．A 案が「5,000,000 円分の広告宣伝費を追加することで，地元の X 電鉄に車内広告をうつ」というものである．B 案は「入場チケットの 500 円割引クーポンを配る」というものである．どちらの施策もかえってテーマパークの収益を悪化させる可能性もあるため，確固たる根拠をもって両案を検討し，社長に提案する必要があった．

　こうした状況下で活躍するのが，本章で学ぶ多変数関数と偏微分である．本章の学習を進めながら，これをどのように活かして分析すべきか，考えながら学習してみよう．分析例は 4.4 節で解説する．

134 第 4 章 多変数関数と偏微分

学習ポイント

☑ 多変数関数の極限と連続性について理解し，2 変数関数の極限が求められる.

☑ 偏微分係数と偏導関数について理解し，それらを求めることができる.

☑ 全微分について理解する.

☑ 2 変数関数の合成関数について理解し，それを用いた演算ができる.

☑ 2 変数関数のテーラー展開について理解する.

4.1 多変数関数

定義 4.1（**多変数関数**）　2 次元平面の部分集合 D が与えられたとき，任意の $\boldsymbol{x} = (x_1, x_2) \in D$ に対して実数 y の値がただ 1 つ定まるとき，$f : \boldsymbol{x} \to y$ を定義域 D で定義された **2 変数関数**であるといい，

$$y = f(\boldsymbol{x}), \ y = f(x_1, x_2)$$

などとかく.

　一般に，n 変数 $(x_1, x_2, \cdots, x_n)$ の関数 $f(x_1, x_2, \cdots, x_n)$ についても同様に定義される.

　多変数関数の性質は，2 変数関数の性質から容易に類推されることが多いので，簡単化のため，以下では特に断らない限り，2 変数関数について考察する.

　2 次元平面上の点 $\boldsymbol{x} = (x_1, x_2)$ が点 $\boldsymbol{a} = (a_1, a_2)$ に限りなく近づくことを

$$\boldsymbol{x} \to \boldsymbol{a} \quad \text{または} \quad (x_1, x_2) \to (a_1, a_2)$$

とかく. その意味は，点 $\boldsymbol{a}$ からの距離 $\|\boldsymbol{x} - \boldsymbol{a}\| = \sqrt{(x_1 - a_1)^2 + (x_2 - a_2)^2}$ が 0 に近づくということ，すなわち，

$$\|\boldsymbol{x} - \boldsymbol{a}\| = \sqrt{(x_1 - a_1)^2 + (x_2 - a_2)^2} \to 0$$

ということである. もちろん，このとき，

$$x_1 \to a_1 \quad \text{かつ} \quad x_2 \to a_2$$

である．なお，一般に，$n\,(n = 1, 2, 3, \cdots)$ 変数の場合，

$$\|\boldsymbol{x} - \boldsymbol{a}\| = \sqrt{(x_1 - a_1)^2 + \cdots + (x_n - a_n)^2}$$

として，$\|\boldsymbol{x} - \boldsymbol{a}\| \to 0$ のとき，$\boldsymbol{x} = (x_1, \cdots, x_n) \to \boldsymbol{a} = (a_1, \cdots, a_n)$ とする．

定義 4.2（関数の極限） 点 $\boldsymbol{x} = (x_1, x_2)$ が点 $\boldsymbol{a} = (a_1, a_2)$ に限りなく近づくとき，その近づき方に関係なく関数値 $f(x_1, x_2)$ が値 α に近づくとき，

$$\lim_{\boldsymbol{x} \to \boldsymbol{a}} f(x_1, x_2) = \alpha$$

とかき，$\boldsymbol{x} \to \boldsymbol{a}$ のときの $f(x_1, x_2)$ の**極限値**は α であるという．

例 4.1

$$\lim_{(x_1, x_2) \to (1,2)} (3x_1 + 4x_2) = 3 + 8 = 11.$$

例 4.2 $\displaystyle \lim_{(x_1, x_2) \to (0,0)} \frac{2x_1^2 + 4x_2^2}{x_1^2 + x_2^2}$ を求める．

(x_1, x_2) が直線 $x_1 = 0$ に沿って原点 $(0, 0)$ に近づくとき，

$$\lim_{(x_1, x_2) \to (0,0)} \frac{2x_1^2 + 4x_2^2}{x_1^2 + x_2^2} = \lim_{x_2 \to 0} \frac{4x_2^2}{x_2^2} = \lim_{x_2 \to 0} 4 = 4.$$

一方，(x_1, x_2) が m を任意の定数として，直線 $x_2 = mx_1$ に沿って原点に近づくとき，

$$\lim_{(x_1, x_2) \to (0,0)} \frac{2x_1^2 + 4x_2^2}{x_1^2 + x_2^2} = \lim_{x_1 \to 0} \frac{2x_1^2 + 4m^2 x_1^2}{x_1^2 + m^2 x_1^2} = \frac{2 + 4m^2}{1 + m^2}.$$

このように，原点への近づき方によって値が違うので，極限値は存在しない！

問 4.1 $\displaystyle \lim_{(x_1, x_2) \to (0,0)} \frac{x_1 x_2^2}{x_1^2 + x_2^4}$ は存在しないことを示せ．

多変数関数の四則演算についても 1 変数の場合の関数の四則演算についての極限公式（公式 2.1）と同様のことが成り立つ．証明は，1 変数の場合と同様なので省略する．

136 第4章 多変数関数と偏微分

公式 4.1 （多変数関数の四則演算についての極限）

$\boldsymbol{x} = (x_1, x_2) \to \boldsymbol{a} = (a_1, a_2)$ のとき，$f(x_1, x_2)$，$g(x_1, x_2)$ の極限が存在するならば，次が成り立つ.

(1) c を定数として $\displaystyle\lim_{\boldsymbol{x} \to \boldsymbol{a}} cf(x_1, x_2) = c \lim_{\boldsymbol{x} \to \boldsymbol{a}} f(x_1, x_2)$.

(2) $\displaystyle\lim_{\boldsymbol{x} \to \boldsymbol{a}} \{f(x_1, x_2) \pm g(x_1, x_2)\} = \lim_{\boldsymbol{x} \to \boldsymbol{a}} f(x_1, x_2) \pm \lim_{\boldsymbol{x} \to \boldsymbol{a}} g(x_1, x_2)$ （複号同順）.

(3) $\displaystyle\lim_{\boldsymbol{x} \to \boldsymbol{a}} \{f(x_1, x_2) \times g(x_1, x_2)\} = \lim_{\boldsymbol{x} \to \boldsymbol{a}} f(x_1, x_2) \times \lim_{\boldsymbol{x} \to \boldsymbol{a}} g(x_1, x_2)$.

(4) $\displaystyle\lim_{\boldsymbol{x} \to \boldsymbol{a}} \frac{f(x_1, x_2)}{g(x_1, x_2)} = \frac{\displaystyle\lim_{\boldsymbol{x} \to \boldsymbol{a}} f(x_1, x_2)}{\displaystyle\lim_{\boldsymbol{x} \to \boldsymbol{a}} g(x_1, x_2)}$，ただし，$\displaystyle\lim_{\boldsymbol{x} \to \boldsymbol{a}} g(x_1, x_2) \neq 0$.

定義 4.3 （多変数関数の連続）

$$\lim_{(x_1, x_2) \to (a_1, a_2)} f(x_1, x_2) = f(a_1, a_2)$$

が成り立つとき，関数 $f(x_1, x_2)$ は点 (a_1, a_2) において**連続**であるという.

多変数関数の四則演算についての極限公式（公式 4.1）と連続関数の定義より次の定理が成立する.

定理 4.1 （連続関数の和・差・積・商の連続性）　$f(x_1, x_2)$ と $g(x_1, x_2)$

が点 (a_1, a_2) で連続ならば

(1) $f(x_1, x_2) \pm g(x_1, x_2)$,

(2) $f(x_1, x_2)g(x_1, x_2)$,

(3) $\frac{f(x_1, x_2)}{g(x_1, x_2)}$，　ただし，$g(a_1, a_2) \neq 0$

は点 (a_1, a_2) で連続である.

> **注意 4.1.** 2 変数 (x_1, x_2) の有理関数はすべて連続である. なぜならば，(x_1, x_2) と定数はそれぞれいたるところ連続であり，(x_1, x_2) と定数に和，差，積の演算を繰り返してできる多項式は，定理 4.1 より連続となる. さらに，有理関数は，2 つの多項式の商であるから定理 4.1 より分母が 0 となる点を除いて連続となる.

連続関数の定義から，合成関数についても次の定理が成立する.

4.1 多変数関数　　*137*

定理 4.2（連続関数の合成関数の連続性）　　関数 $f(x_1, x_2)$ が連続，かつ関数 $\phi(u_1, u_2)$ と $\psi(u_1, u_2)$ がともに連続ならば，合成関数 $f(\phi(u_1, u_2), \psi(u_1, u_2))$ は連続になる[1][2]．

✏ **注意 4.2.**　2 変数 (x_1, x_2) と定数に加減乗除，累乗根，指数関数，対数関数の演算を施してできる関数は，すべてその定義域で連続となる．なぜならば，有理関数はもちろん，上にあげた関数はすべて連続関数であるから，それらを合成した関数は，定理 4.2 より連続となる．

　関数 $f(x_1, x_2)$ が (x_1, x_2) について連続であれば，x_1 についても x_2 についても連続となるが，次の例に示すように，その逆は成り立たない．

例 4.3

$$f(x_1, x_2) = \begin{cases} \frac{2x_1 x_2}{x_1^2 + x_2^2} & (x_1, x_2) \neq (0, 0) \\ 0 & (x_1, x_2) = (0, 0) \end{cases}$$

の連続性を調べてみる．

　注意 4.2 のとおり，有理関数 $\frac{2x_1 x_2}{x_1^2 + x_2^2}$ は分母を 0 とする点以外では連続である．したがって $f(x_1, x_2)$ は原点以外では連続となる．

　原点における連続性を考えるために，m を任意の定数として，(x_1, x_2) を直線 $x_2 = mx_1$ に沿って原点に近づけてみると

$$\lim_{(x_1, x_2) \to (0,0)} f(x_1, x_2) = \lim_{x_1 \to 0} \frac{2mx_1^2}{x_1^2 + m^2 x_1^2} = \frac{2m}{1 + m^2}.$$

これは，m の値によって異なる値をとるから，$(x_1, x_2) \to (0, 0)$ となるとき極限は存在しない．したがって，$f(x_1, x_2)$ は原点で不連続である．しかし，x_1 だけについては原点でも連続となる．なぜならば，$x_2 = 0$ とすると，

$$\lim_{x_1 \to 0} f(x_1, 0) = \lim_{x_1 \to 0} \frac{0}{x_1^2 + 0} = 0 = f(0, 0).$$

また，$f(x_1, x_2)$ は x_1 と x_2 についての対称式であるから，

$$\lim_{x_2 \to 0} f(0, x_2) = f(0, 0)$$

となり，x_2 だけについても原点で連続となる．

---

[1] ϕ はギリシャ文字で phi と読む．
[2] ψ はギリシャ文字で psi と読む．

138   第 4 章 多変数関数と偏微分

4.2 偏微分法

定義 4.4（**偏微分係数**）　関数 $y = f(x_1, x_2)$ において，x_2 を固定して $x_2 = a_2$ とすれば，$f(x_1, a_2)$ は x_1 のみの関数となるから，x_1 に関する微分係数を考えることができる．

$x_1 = a_1$ における微分係数

$$\lim_{x_1 \to a_1} \frac{f(x_1, a_2) - f(a_1, a_2)}{x_1 - a_1} = \lim_{h \to 0} \frac{f(a_1 + h, a_2) - f(a_1, a_2)}{h}$$

が存在するとき，これを $\boldsymbol{a} = (a_1, a_2)$ における $f(x_1, x_2)$ の x_1 に関する**偏微分係数**といい，

$$f_{x_1}(a_1, a_2), \ \frac{\partial}{\partial x_1} f(a_1, a_2), \ \left. \frac{\partial y}{\partial x_1} \right|_{(x_1, x_2) = (a_1, a_2)}$$

などで表わす[3]．

同様に，

$$\lim_{h \to 0} \frac{f(a_1, a_2 + h) - f(a_1, a_2)}{h}$$

が存在するとき，これを $\boldsymbol{a}$ における x_2 に関する偏微分係数といい，

$$f_{x_2}(a_1, a_2), \ \frac{\partial}{\partial x_2} f(a_1, a_2), \ \left. \frac{\partial y}{\partial x_2} \right|_{(x_1, x_2) = (a_1, a_2)}$$

などで表わす．

> **注意 4.3.** 図 4.1 上図のように，3 次元空間 $\{(x_1, x_2, y)\}$ 上の平面 $x_2 = a_2$ で曲面 $y = f(x_1, x_2)$ を切ったときの切り口の曲線は $y = f(x_1, a_2)$ と表わすことができる．この曲線上の点 $(a_1, a_2, f(a_1, a_2))$ における接線の傾きが $f_{x_1}(a_1, a_2)$ である．
>
> また，図 4.1 下図のように，平面 $x_1 = a_1$ と曲面 $y = f(x_1, x_2)$ の交線 $y = f(a_1, x_2)$ 上の点 $(a_1, a_2, f(a_1, a_2))$ における接線の傾きが $f_{x_2}(a_1, a_2)$ である．

定義 4.5（**偏微分可能**）　点 $\boldsymbol{a} = (a_1, a_2)$ で偏微分係数 $f_{x_1}(a_1, a_2)$, $f_{x_2}(a_1, a_2)$ が存在するとき，$y = f(x_1, x_2)$ は $\boldsymbol{a}$ で**偏微分可能**であるという．

---

[3] 記号 ∂ は，ローマ字の d を丸めたもので，日本語では，「デル」あるいは「ラウンド（ディー）」と読んでいる．なお，英語では partial と読んでいる．

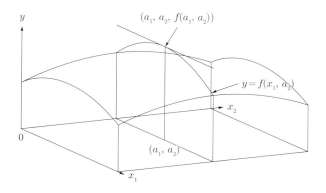

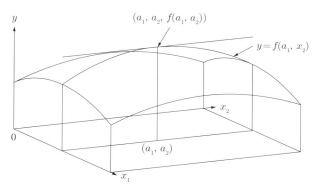

図 **4.1** 偏微分係数

例 4.4 （偏微分係数） $f(x_1, x_2) = x_1^3 - 3x_1^2 x_2 + 5x_2^3$ の点 $(2, -3)$ における偏微分係数を求める.

$(a_1, a_2) = (2, -3)$ とおく. $f(x_1, a_2) = x_1^3 - 3x_1^2 a_2 + 5a_2^3$ を x_1 で微分すると $3x_1^2 - 6x_1 a_2$ であるから,

$$f_{x_1}(2, -3) = 3 \times 2^2 - 6 \times 2 \times (-3) = 48.$$

一方, $f(a_1, x_2) = a_1^3 - 3a_1^2 x_2 + 5x_2^3$ を x_2 で微分すると $-3a_1^2 + 15x_2^2$ であるから,

$$f_{x_2}(2, -3) = -3 \times 2^2 + 15 \times (-3)^2 = 123.$$

▶ **演習 4.1.** 例 4.4 の偏微分係数を Python で求めてみよう.

140　第 4 章　多変数関数と偏微分

演習 4.1 解答例

```
from sympy import *
var('x1 x2') # 記号の定義


f=x1**3-3*x1**2*x2+5*x2**3
f_x1=diff(f,x1)
f_x2=diff(f,x2)
print('f_x1 =', f_1.subs([(x_1,2),(x_2,-3)]),
       ', f_x2 =', f_2.subs([(x_1,2),(x_2,-3)]))
```

```
f_x1 = 48 , f_x2 = 123
```
□

問 4.2　$f(x_1, x_2) = x_1^2 - 2x_1 - 3x_2 + 4x_2^3$ 上の点 $(1, 1)$ における偏微分係数を求めよ.

定義 4.6 （偏導関数）　関数 $y = f(x_1, x_2)$ の定義域を D とする. このとき, この関数が D 上のすべての点で偏微分可能であるならば, D 上の各点 (x_1, x_2) に対して偏微分係数 $f_{x_1}(x_1, x_2)$ を対応させる関数を定義できる. これを $f(x_1, x_2)$ の x_1 に関する**偏導関数**といい,

$$f_{x_1}(x_1, x_2), \ y_{x_1}, \ \frac{\partial f}{\partial x_1}, \ \frac{\partial y}{\partial x_1}$$

などで表わす. 同様に $f(x_1, x_2)$ の x_2 に関する偏導関数も定義され,

$$f_{x_2}(x_1, x_2), \ y_{x_2}, \ \frac{\partial f}{\partial x_2}, \ \frac{\partial y}{\partial x_2}$$

などで表わす. 偏導関数を求めることを**偏微分する**という.

例 4.5 （偏導関数）　例 4.4 の関数の偏導関数は, 次のとおりとなる.

$$f_{x_1}(x_1, x_2) = 3x_1^2 - 6x_1x_2, \quad f_{x_2}(x_1, x_2) = -3x_1^2 + 15x_2^2.$$

問 4.3　次の関数の偏導関数を手で求めた上で, Python で確かめよ.

(1) $y = 2x_1^{3x_2}$.
(2) $y = x_1x_2 \ln(x_1^2 + x_2^2)$.

定義 4.7 （高次偏導関数）　$\frac{\partial}{\partial x_1} f(x_1, x_2)$ は, (x_1, x_2) の関数と考えられ

るので，$\frac{\partial f}{\partial x_1}$ をさらに x_1 で偏微分できるならば，これを

$$f_{x_1 x_1}(x_1, x_2), \quad \frac{\partial^2 f(x_1, x_2)}{\partial x_1^2}, \quad \frac{\partial^2}{\partial x_1^2} f(x_1, x_2)$$

などで表わす．$\frac{\partial f}{\partial x_1}$ を x_2 で偏微分できるのであれば，これを

$$f_{x_1 x_2}(x_1, x_2), \quad \frac{\partial^2 f(x_1, x_2)}{\partial x_2 \partial x_1}, \quad \frac{\partial^2}{\partial x_2 \partial x_1} f(x_1, x_2)$$

などで表わす．同様に，$f_{x_2 x_2}(x_1, x_2)$, $f_{x_2 x_1}(x_1, x_2)$ なども定義される．これらを総称して**第 2 次偏導関数**という．以下同様にして，第 2 次導関数を偏微分して**第 3 次偏導関数**というように，さらに高次の**第 k 次偏導関数**

$$\frac{\partial^k}{\partial x_2^{k-i} \partial x_1^i} f(x_1, x_2), \quad i = 1, 2, \cdots, k$$

を定義できる ($k = 3, 4, \cdots$)．ただし，ここで，$\partial x_j^0 = 1$ $(j = 1, 2)$.

例 4.6 （高次偏導関数）　例 4.4, 例 4.5 の関数 $f(x_1, x_2) = x_1^3 - 3x_1^2 x_2 + 5x_2^3$ の 2 次偏導関数を求めると次のとおりとなる．

$$\frac{\partial^2}{\partial x_1^2} f(x_1, x_2) = 6x_1 - 6x_2, \quad \frac{\partial^2}{\partial x_2 \partial x_1} f(x_1, x_2) = -6x_1,$$

$$\frac{\partial^2}{\partial x_1 \partial x_2} f(x_1, x_2) = -6x_1, \quad \frac{\partial^2}{\partial x_2^2} f(x_1, x_2) = 30x_2.$$

Python 操作法 4.1 （高次偏導関数 sympy.diff と sympy.Derivative）

Python で関数 $f(x_1, x_2)$ について，変数 x_1 に関して n_1 次，変数 x_2 に関して n_2 次の $n_1 + n_2$ 偏導関数を求めるには，

```
from sympy import *
var('x_1,x_2') # 記号の定義
```

として，Sympy ライブラリを呼び込み，記号を定義した後，

```
diff(f(x_1,x_2),x_1,n_1,x_2,n_2)
```

142 第4章 多変数関数と偏微分

とすればよい．このコマンドによる偏微分は，3 次以上の多変量の場合にも
同様に適用できる．

また，`diff` に代えて，

```
Derivative(f(x_1,x_2),x_1,n_1,x_2,n_2)
```

とすると，$\frac{\partial^{n_1+n_2} f(x_1,x_2)}{\partial x_2^{n_2} \partial x_1^{n_1}}$ が表示され，これに，`.doit()` メソッドを用いる．す
なわち，

```
Derivative(f(x_1,x_2),x_1,n_1,x_2,n_2).doit()
```

とすると，偏導関数が求められる． ■

▶**演習 4.2.** 例 4.6 を Python で確かめてみよう．

演習 4.2 解答例

```
from sympy import *
var('x_1,x_2')

y=x_1**3-3*x_1**2*x_2+5*x_2**3
y_11=Derivative(y,x_1,2); y_12=Derivative(y,x_1,x_2)
y_21=Derivative(y,x_2,x_1); y_22=Derivative(y,x_2,2)
display(y_11); display(y_11.doit())
display(y_12); display(y_12.doit())
display(y_21); display(y_21.doit())
display(y_22); display(y_22.doit())
```

$\dfrac{\partial^2}{\partial x_1^2} \left(x_1^3 - 3x_1^2 x_2 + 5x_2^3 \right)$

$6\left(x_1 - x_2 \right)$

$\dfrac{\partial^2}{\partial x_2 \partial x_1} \left(x_1^3 - 3x_1^2 x_2 + 5x_2^3 \right)$

$-6x_1$

$-6x_1$

$\dfrac{\partial^2}{\partial x_1 \partial x_2} \left(x_1^3 - 3x_1^2 x_2 + 5x_2^3 \right)$

$-6x_1$

$\dfrac{\partial^2}{\partial x_2^2} \left(x_1^3 - 3x_1^2 x_2 + 5x_2^3 \right)$

$$30x_2$$

□

問 4.4 問 4.3 の関数の第 2 次偏導関数を手で求めた上で，Python で結果を確かめよ．

偏微分の順序については次の定理が成立する．

定理 4.3（偏微分の順序変更） 関数 $f(x_1, x_2)$ の 2 次偏導関数がすべて連続ならば，

$$f_{x_1 x_2} = f_{x_2 x_1}.$$

すなわち，偏微分の順序は可換である．

【証明】[*]

$$F = f(x_1 + h_1, x_2 + h_2) - f(x_1 + h_1, x_2) - f(x_1, x_2 + h_2) - f(x_1, x_2)$$

とする．いま，x_2, h_2 を定数とみて，

$$\phi(x_1) = f(x_1, x_2 + h_2) - f(x_1, x_2)$$

とおくと，

$$F = \phi(x_1 + h_1) - \phi(x_1).$$

右辺に平均値の定理（定理 3.5）を適用すると，$0 < \theta_1^{(1)} < 1$ として[4]，

$$
\begin{aligned}
F &= h_1 \phi' \left(x + \theta_1^{(1)} h_1 \right) \\
&= h_1 \left(f_{x_1} \left(x_1 + \theta_1^{(1)} h_1, x_2 + h_2 \right) - f_{x_1} \left(x_1 + \theta_1^{(1)} h_1, x_2 \right) \right).
\end{aligned}
$$

ここで，最右辺を x_2 の関数とみて，平均値の定理を適用すると，$0 < \theta_2^{(1)} < 1$ として，

$$F = h_1 h_2 f_{x_1 x_2} \left(x_1 + \theta_1^{(1)} h_1, x_2 + \theta_2^{(1)} h_2 \right). \tag{4.1}$$

次に，

$$\psi(x_2) = f(x_1 + h_1, x_2) - f(x_1, x_2)$$

---

[4] θ はギリシャ文字で theta と読む．

144 第 4 章 多変数関数と偏微分

とおいて，上と同様に平均値の定理をもちいて F を変形すれば，$0 < \theta_i^{(2)} < 1$ ($i = 1, 2$) として，

$$
\begin{aligned}
F &= \psi(x_2 + h_2) - \psi(x_2) = h_2 \psi'(x_2 + \theta_2^{(2)} h_2) \\
&= h_2 \left(f_{x_2} \left(x_1 + h_1, x_2 + \theta_2^{(2)} h_2 \right) - f_{x_2} \left(x_1, x_2 + \theta_2^{(2)} h_2 \right) \right) \\
&= h_2 h_1 f_{x_2 x_1} \left(x_1 + \theta_1^{(2)} h_1, x_2 + \theta_2^{(2)} h_2 \right).
\end{aligned} \tag{4.2}
$$

(4.1) と (4.2) により，

$$
f_{x_1 x_2} \left(x_1 + \theta_1^{(1)} h_1, x_2 + \theta_2^{(1)} h_2 \right) = f_{x_2 x_1} \left(x_1 + \theta_1^{(2)} h_1, x_2 + \theta_2^{(2)} h_2 \right).
$$

ここで，$(h_1, h_2) \to (0, 0)$ とすれば，$f_{x_1 x_2}$ と $f_{x_2 x_1}$ が連続であるから，

$$
f_{x_1 x_2}(x_1, x_2) = f_{x_2 x_1}(x_1, x_2)
$$

となる． □

定理 4.3 を繰り返し適用することによって，次の系を得る．

系 4.1 n 次の偏導関数がすべて連続ならば，n 次までの偏導関数は偏微分の順序に関係しない．

4.3 全微分

1 変数関数 $f(x)$ に対して，点 $x = a$ において，

$$
f(x) = f(a) + m(x - a) + o(x - a)
$$

となる m が存在するとき，$f(x)$ は点 a で微分可能といった（微分可能の定義（定義 3.2）参照）．微分可能ということを多変数関数に拡張する．そのために，まずは，多変数関数の無限小について定義する．

定義 4.8（多変数関数の無限小） $x = (x_1, x_2) \to a = (a_1, a_2)$ のとき，関数 $f(x)$ が $f(x) \to 0$ となるならば，$f(x)$ は $x \to a$ のとき**無限小**であるという．

$$\lim_{\boldsymbol{x} \to \boldsymbol{a}} \frac{f(\boldsymbol{x})}{\|\boldsymbol{x} - \boldsymbol{a}\|^m} = 0$$

が成り立つとき，$f(\boldsymbol{x})$ は点 $\boldsymbol{a}$ で m $(m = 1, 2, 3, \cdots)$ **位より高位の無限小で**あるといって，

$$f(\boldsymbol{x}) = o\left(\|\boldsymbol{x} - \boldsymbol{a}\|^m\right)$$

と書く．

注意 4.4.
(1)　定義 4.8 において，$\|\boldsymbol{x} - \boldsymbol{a}\|$ は，点 x と点 a との距離

$$\|\boldsymbol{x} - \boldsymbol{a}\| = \sqrt{(x_1 - a_1)^2 + (x_2 - a_2)^2}$$

　　である（p.134 参照）．
(2) 1 変数関数の高位の無限小と同じように，$f(\boldsymbol{x})$ が点 $\boldsymbol{a}$ で m 位より高位の無限小であるとは，$\boldsymbol{x} = (x_1, x_2) \to \boldsymbol{a} = (a_1, a_2)$ のとき，関数 $f(\boldsymbol{x})$ の方が $\|\boldsymbol{x} - \boldsymbol{a}\|^m$ よりも早く 0 に近づくこと，言い換えれば，点 $\boldsymbol{a}$ 付近で，関数 $f(\boldsymbol{x})$ と 0 の差が，$\|\boldsymbol{x} - \boldsymbol{a}\|^m$ よりも小さいということを意味している．

定義 4.9（**全微分可能**）　関数 $f(x_1, x_2)$ と点 $\boldsymbol{a} = (a_1, a_2)$ に対して，

$$f(x_1, x_2) = f(a_1, a_2) + l(x_1 - a_1) + m(x_2 - a_2) + o(\|\boldsymbol{x} - \boldsymbol{a}\|) \tag{4.3}$$

となる l, m が存在するとき関数 $f(x_1, x_2)$ は点 $\boldsymbol{a}$ で**微分可能**または**全微分可能**であるという．

　以下，簡単化のため，考えている関数はすべて定義域において微分可能とする．

注意 4.5. 1 変数関数 $f(x)$ に対して，点 a において，

$$f(x) = f(a) + m(x - a) + o(x - a)$$

となる m が存在するとき，$y = f(a) + m(x - a)$ は，点 a での $f(x)$ の接線を表していた．
　図 4.2 にあるように，(4.3) の右辺において，

$$y = f(a_1, a_2) + l(x_1 - a_1) + m(x_2 - a_2)$$

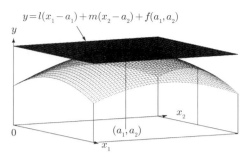

図 4.2 全微分可能の幾何学的意味

は，3次元空間 $\{(x_1, x_2, y)\}$ における点 $(a_1, a_2, f(a_1, a_2))$ での曲面 $y = f(x_1, x_2)$ の接平面の方程式を表わしている．

次に，1変数関数の微分を2変数関数の場合に拡張する．
$\Delta x_1 = x_1 - a_1$, $\Delta x_2 = x_2 - a_2$ とおくと，(4.3) は

$$f(a_1 + \Delta x_1, a_2 + \Delta x_2)$$
$$= f(a_1, a_2) + l\Delta x_1 + m\Delta x_2 + o\left(\sqrt{(\Delta x_1)^2 + (\Delta x_2)^2}\right) \quad (4.4)$$

と書き換えられる．これは，無限小の定義（定義 4.8）から，$((\Delta x_1, \Delta x_2) \to (0, 0))$ としたとき，

$$\frac{f(a_1 + \Delta x_1, a_2 + \Delta x_2) - f(a_1, a_2) - l\Delta x_1 - m\Delta x_2}{\sqrt{(\Delta x_1)^2 + (\Delta x_2)^2}} \to 0 \quad (4.5)$$

となることを意味している．

(4.5) の極限が存在するということは，点 $(\Delta x_1, \Delta x_2)$ を点 $(0, 0)$ に対してどのように近づけてもよいということであるから，$\Delta x_2 = 0$ とすると，(4.5) は

$$\frac{f(a_1 + \Delta x_1, a_2) - f(a_1, a_2)}{\Delta x_1} - l \to 0 \ (\Delta x_1 \to 0)$$

となるが，これは，

$$l = \lim_{\Delta x_1 \to 0} \frac{f(a_1 + \Delta x_1, a_2) - f(a_1, a_2)}{\Delta x_1} = f_{x_1}(a_1, a_2).$$

と同値である．

同様にして (4.5) において，$\Delta x_1 = 0$ として，$\Delta x_2 \to 0$ とすると，

$m = f_{x_2}(a_1, a_2)$ となるから，結局，(4.4) は

$$f(a_1 + \Delta x_1, a_2 + \Delta x_2) - f(a_1, a_2)$$
$$= f_{x_1}(a_1, a_2)\Delta x_1 + f_{x_2}(a_1, a_2)\Delta x_2 + o(\sqrt{(\Delta x_1)^2 + (\Delta x_2)^2}) \quad (4.6)$$

と書き換えられる．(4.6) の左辺は，(x_1, x_2) の値が，(a_1, a_2) から $(a_1 + \Delta x_1, a_2 + \Delta x_2)$ へと変化したときの，$y = f(x_1, x_2)$ の増分を表わしており，右辺の第 1 項と第 2 項の和はその主要部分を表わしている．そこで，2 変数関数の全微分を次で定義する．

定義 4.10（**全微分**）　関数 $f(x_1, x_2)$ が点 $\boldsymbol{a} = (a_1, a_2)$ で全微分可能なとき，(4.6) の第 1 項と第 2 項の和

$$f_{x_1}(a_1, a_2)\Delta x_1 + f_{x_2}(a_1, a_2)\Delta x_2$$

を関数 $f(x_1, x_2)$ の点 $\boldsymbol{a}$ における**全微分**という．

関数 $y = f(x_1, x_2)$ が，その定義域において全微分可能ならば

$$f_{x_1}(x_1, x_2)\Delta x_1 + f_{x_2}(x_1, x_2)\Delta x_2 \quad (4.7)$$

を**全微分**といい，これを $\mathrm{d}y$ あるいは $\mathrm{d}f$ で表わす．

注意 4.6.

(1)　$y = x_1$ とすると，$f_{x_1} = 1$, $f_{x_2} = 0$ であるから，(4.7) より，$\mathrm{d}x_1 = \Delta x_1$ となる．同様に $y = x_2$ とすると，$\mathrm{d}x_2 = \Delta x_2$ を得る．ゆえに，(4.7) は

$$\mathrm{d}y = \frac{\partial f}{\partial x_1}\mathrm{d}x_1 + \frac{\partial f}{\partial x_2}\mathrm{d}x_2 \quad (4.8)$$

となる．

(2)　f が x_1 だけの関数 $y = f(x_1)$ のときは，

$$\frac{\partial y}{\partial x_1} = \frac{\mathrm{d}y}{\mathrm{d}x_1}, \qquad \frac{\partial y}{\partial x_2} = 0$$

であるから，(4.8) は

$$\mathrm{d}y = \frac{\mathrm{d}y}{\mathrm{d}x_1}\mathrm{d}x_1 = f'(x_1)\mathrm{d}x_1$$

148 第 4 章 多変数関数と偏微分

となって，1 変数の関数の微分の定義（定義 3.4）に一致する．

例 4.7 （全微分） $\quad y = f(x_1, x_2) = \dfrac{x_1 x_2}{x_1 + x_2}$ の全微分を求めると次のとおりになる．

$$\mathrm{d}y = \frac{\partial f}{\partial x_1}\mathrm{d}x_1 + \frac{\partial f}{\partial x_2}\mathrm{d}x_2 = \frac{x_2^2}{(x_2 + x_2)^2}\mathrm{d}x_1 + \frac{x_1^2}{(x_1^2 + x_2)^2}\mathrm{d}x_2.$$

問 4.5 次の関数の全微分を求めよ．

(1) $y = x_1^2 x_2 - x_1 x_2^2$.

(2) $y = x_1 x_2 \mathrm{e}^{x_1 + x_2}$.

(3) $y = \dfrac{x_1 x_2}{\sqrt{x_1^2 - x_2^2}}$.

次に，1 変数関数の合成関数の微分法（定理 3.1）を 2 変数関数に拡張する．

定理 4.4 （合成関数の微分法） 関数 $y = f(x_1, x_2)$ の 1 次偏導関数が連続で，x_1 と x_2 がそれぞれ $x_1 = \phi(t)$ と $x_2 = \psi(t)$ という関数で表されて，かつ，それらが微分可能ならば，$y = f(\phi(t), \psi(t))$ について，次が成り立つ．

$$\frac{\mathrm{d}y}{\mathrm{d}t} = \frac{\partial y}{\partial x_1}\frac{\mathrm{d}x_1}{\mathrm{d}t} + \frac{\partial y}{\partial x_2}\frac{\mathrm{d}x_2}{\mathrm{d}t}.$$

【証明】 $\quad y = f(\phi(t), \psi(t))$ は t の関数と考えられるので，

$$\frac{dy}{dt} = \lim_{\Delta t \to 0} \frac{f(\phi(t + \Delta t), \psi(t + \Delta t)) - f(\phi(t), \psi(t))}{\Delta t}. \tag{4.9}$$

ここで，t が Δt だけ変化したときの x_1, x_2 の増分をそれぞれ Δx_1, Δx_2 とおくと，

$$\phi(t + \Delta t) = x_1 + \Delta x_1, \quad \psi(t + \Delta t) = x_2 + \Delta x_2.$$

また，$x_1 = \phi(t)$ と $x_2 = \psi(t)$ が t で微分可能であることから，$\Delta t \to 0$ のとき $\Delta x_1 \to 0$, $\Delta x_2 \to 0$ となり，かつ，$(\Delta x_1, \Delta x_2) \to (0, 0)$ のとき $\Delta t \to 0$ となる[5]．したがって，

---

[5] ここで，ϕ と ψ が t で微分可能ならば，それぞれ t について連続となることをもちいた（注意 3.2 参照）．

$$o\left(\sqrt{(\Delta x_1)^2 + (\Delta x_2)^2}\right) = o(\Delta t).$$

よって，

$$f(\phi(t+\Delta t), \psi(t+\Delta t)) - f(\phi(t), \psi(t)) = f(x_1+\Delta x_1, x_2+\Delta x_2) - f(x_1, x_2)$$

は，(4.6) より，

$$f(\phi(t + \Delta t), \psi(t + \Delta t)) - f(\phi(t), \psi(t))$$
$$= f_{x_1}(x_1, x_2)\Delta x_1 + f_{x_2}(x_1, x_2)\Delta x_2 + o(\Delta t)$$

と書けるので，

$$\lim_{\Delta t \to 0} \left\{ \frac{\phi(t + \Delta t), \psi(t + \Delta t)) - f(\phi(t), \psi(t))}{\Delta t} - f_{x_1}\frac{\Delta x_1}{\Delta t} - f_{x_2}\frac{\Delta x_2}{\Delta t} \right\} = 0$$

となり，(4.9)，および微分の定義（定義 3.4）から，$\displaystyle\lim_{\Delta t \to 0} \frac{\Delta x_1}{\Delta t} = \frac{\mathrm{d}x_1}{\mathrm{d}t}$，
$\displaystyle\lim_{\Delta t \to 0} \frac{\Delta x_2}{\Delta t} = \frac{\mathrm{d}x_2}{\mathrm{d}t}$ となるので，定理が成立する．　□

例 4.8（合成関数の微分法）　$y = \mathrm{e}^{x_1+x_2}$, $x_1 = \frac{1}{t}$, $x_2 = \log t$ のとき，$\frac{\mathrm{d}y}{\mathrm{d}t}$ を求める．

$$\begin{aligned}
\frac{\mathrm{d}y}{\mathrm{d}t} &= \frac{\partial y}{\partial x_1}\frac{\mathrm{d}x_1}{\mathrm{d}t} + \frac{\partial y}{\partial x_2}\frac{\mathrm{d}x_2}{\mathrm{d}t} \\
&= \mathrm{e}^{x_1+x_2}\frac{-1}{t^2} + \mathrm{e}^{x_1+x_2}\frac{1}{t} \\
&= \mathrm{e}^{x_1+x_2}\frac{1}{t}\left(1 - \frac{1}{t}\right) = \mathrm{e}^{\frac{1}{t}+\log t}\frac{1}{t}\left(1 - \frac{1}{t}\right) = \mathrm{e}^{\frac{1}{t}}\left(1 - \frac{1}{t}\right).
\end{aligned}$$

▶**演習 4.3.**　例 4.8 の $\frac{\mathrm{d}y}{\mathrm{d}t}$ を Python で求めてみよう．

演習 4.3 解答例

```
from sympy import *
var('t')
# 関数の定義
x_1=1/t; x_2=log(t)
y=exp(x_1+x_2)  # 順番に注意: x_1,x_2 の定義が y の定義より先
ans = diff(y,t)
ans
```

150　第 4 章　多変数関数と偏微分

$$e^{\frac{1}{t}} - \frac{e^{\frac{1}{t}}}{t}$$

```
factor(ans)  # 結果を共通因子で括りだし
```

$$\frac{(t-1)e^{\frac{1}{t}}}{t}$$
□

問 4.6　$y = \ln(x_1^2 + x_2^2)$, $x_1 = \frac{1}{t}$, $x_2 = t^2$ のとき，$\frac{\mathrm{d}y}{\mathrm{d}t}$ を手で求めた上で，結果を Python で確認せよ．

定理 4.5　（**変数変換における偏微分法**）　$y = f(x_1, x_2)$ の偏導関数が連続で，かつ，x_1 と x_2 が，それぞれ $x_1 = \phi(u_1, u_2)$ と $x_2 = \psi(u_1, u_2)$ という 2 変数関数で表わされて，それぞれの偏導関数が存在するとき，次が成り立つ．

$$\frac{\partial y}{\partial u_1} = \frac{\partial y}{\partial x_1}\frac{\partial x_1}{\partial u_1} + \frac{\partial y}{\partial x_2}\frac{\partial x_2}{\partial u_1},$$
$$\frac{\partial y}{\partial u_2} = \frac{\partial y}{\partial x_1}\frac{\partial x_1}{\partial u_2} + \frac{\partial y}{\partial x_2}\frac{\partial x_2}{\partial u_2}.$$

【証明】　y は x_1 と x_2 の関数であるが，u_2 を定数とみると u_1 だけの関数と考えられ，合成関数の微分法（定理 4.4）が適用できる．u_2 を定数とみると，y や x_1, x_2 を u_1 で微分することは，u_1 で偏微分することに等しいから，

$$\frac{\partial y}{\partial u_1} = \frac{\partial y}{\partial x_1}\frac{\partial x_1}{\partial u_1} + \frac{\partial y}{\partial x_2}\frac{\partial x_2}{\partial u_1}.$$

同様に，u_1 を定数と考えて u_2 で微分すれば，第 2 式が得られる．　□

例 4.9　$y = x_1^2 + x_2^2$, $x_1 = u_1 + u_2$, $x_2 = u_1 u_2$ のとき，$\frac{\partial y}{\partial u_1}$, $\frac{\partial y}{\partial u_2}$ を求めると次のとおりになる．

$$\frac{\partial y}{\partial u_1} = \frac{\partial y}{\partial x_1}\frac{\partial x_1}{\partial u_1} + \frac{\partial y}{\partial x_2}\frac{\partial x_2}{\partial u_1}$$
$$= 2x_1 + 2x_2 u_2 = 2(u_1 + u_2) + 2u_1 u_2^2.$$
$$\frac{\partial y}{\partial u_2} = \frac{\partial y}{\partial x_1}\frac{\partial x_1}{\partial u_2} + \frac{\partial y}{\partial x_2}\frac{\partial x_2}{\partial u_2}$$
$$= 2x_1 + 2x_2 u_1 = 2(u_1 + u_2) + 2u_1^2 u_2.$$

▶**演習 4.4.**　例 4.9 の $\frac{\partial y}{\partial u_1}$, $\frac{\partial y}{\partial u_2}$ を Python で確かめてみよう．

4.3 全微分　　*151*

演習 4.4 解答例

```
from sympy import *
var('u_1,u_2') # 独立変数の定義

x_1 = u_1 + u_2; x_2 = u_1* u_2
f = x_1**2 + x_2**2
print('u_1 による偏導関数 =')
display(diff(f, u_1))
print('u_2 による偏導関数 =')
display(diff(f, u_2))
```

u_1 による偏導関数 =
$2u_1u_2^2 + 2u_1 + 2u_2$
u_2 による偏導関数 =
$2u_1^2u_2 + 2u_1 + 2u_2$ □

問 4.7 $y = x_1x_2\mathrm{e}^{x_1+x_2}$, $x_1 = u_1 + u_2$, $x_2 = u_1 - u_2$ のとき，$\frac{\partial y}{\partial u_1}$, $\frac{\partial y}{\partial u_2}$ を手で求めた上で，結果を Python で確認せよ．

1 変数関数のテーラー展開（定義 3.9）は，次のように 2 変数関数に拡張できる．

定理 4.6（**2 変数関数のテーラー (Taylor) 展開**）　関数 $f(x_1, x_2)$ が 2 次の連続な偏導関数をもてば，次が成立する．

$$
\begin{aligned}
f(a_1 + h_1, a_2 + h_2) = {} & f(a_1, a_2) + \left(h_1\frac{\partial}{\partial x_1} + h_2\frac{\partial}{\partial x_2}\right)f(a_1, a_2) \\
& + \frac{1}{2!}\left(h_1\frac{\partial}{\partial x_1} + h_2\frac{\partial}{\partial x_2}\right)^2 f(a_1, a_2) \\
& + o\left(||(h_1, h_2)||^2\right),
\end{aligned}
\tag{4.10}
$$

ただし，ここで，$||(h_1, h_2)|| = \sqrt{h_1^2 + h_2^2}$,

$$
\left(h_1\frac{\partial}{\partial x_1} + h_2\frac{\partial}{\partial x_2}\right)f(a_1, a_2) = \frac{\partial f(a_1, a_2)}{\partial x_1}h_1 + \frac{\partial f(a_1, a_2)}{\partial x_2}h_2,
$$

$$
\left(h_1\frac{\partial}{\partial x_1} + h_2\frac{\partial}{\partial x_2}\right)^2 f(a_1, a_2)
$$

$$
= \frac{\partial^2 f(a_1, a_2)}{\partial x_1^2}h_1^2 + \frac{\partial^2 f(a_1, a_2)}{\partial x_1\partial x_2}2h_1h_2 + \frac{\partial^2 f(a_1, a_2)}{\partial x_2^2}h_2^2
$$

152   第 4 章 多変数関数と偏微分

とする.

【証明】

$$t = \sqrt{h_1^2 + h_2^2}, \quad \xi_i = \frac{h_i}{t}, \quad i = 1, 2,$$

$$F(t) = f(a_1 + \xi_1 t, a_2 + \xi_2 t) = f(a_1 + h_1, a_2 + h_2)$$

とおくと,$F(0) = f(a_1, a_2)$ であり,合成関数の微分法(定理 4.4)を用いると,

$$F'(t) = \left(\xi_1 \frac{\partial}{\partial x_1} + \xi_2 \frac{\partial}{\partial x_2}\right) f(a_1 + \xi_1 t, a_2 + \xi_2 t),$$

$$F^{(2)}(t) = \left(\xi_1 \frac{\partial}{\partial x_1} + \xi_2 \frac{\partial}{\partial x_2}\right)^2 f(a_1 + \xi_1 t, a_2 + \xi_2 t).$$

したがって,

$$F'(0)t = \left(\xi_1 \frac{\partial}{\partial x_1} + \xi_2 \frac{\partial}{\partial x_2}\right) f(a_1, a_2)t = \left(h_1 \frac{\partial}{\partial x_1} + h_2 \frac{\partial}{\partial x_2}\right) f(a_1, a_2),$$

$$F^{(2)}(0)t^2 = \left(\xi_1 \frac{\partial}{\partial x_1} + \xi_2 \frac{\partial}{\partial x_2}\right)^2 f(a_1, a_2)t^2 = \left(h_1 \frac{\partial}{\partial x_1} + h_2 \frac{\partial}{\partial x_2}\right)^2 f(a_1, a_2).$$

一方,$F(t)$ をマクローリン展開,すなわち,原点 0 におけるテーラー展開をすると,

$$F(t) = F(0) + \frac{F'(0)}{1!}t + \frac{F^{(2)}(0)}{2!}t^2 + o(t^2).$$

以上により,(4.10) を得る.   □

注意 4.7. * 定理 4.6 のテーラー展開は,m を 3 以上の自然数として,m 次に拡張できる.すなわち,関数 $f(x_1, x_2)$ が m 次の連続な偏導関数をもてば,次が成立する.

$$f(a_1 + h_1, a_2 + h_2) = f(a_1, a_2) + \left(h_1 \frac{\partial}{\partial x_1} + h_2 \frac{\partial}{\partial x_2}\right) f(a_1, a_2)$$

$$+ \frac{1}{2!} \left(h_1 \frac{\partial}{\partial x_1} + h_2 \frac{\partial}{\partial x_2}\right)^2 f(a_1, a_2)$$

$$+ \cdots + \frac{1}{m!} \left(h_1 \frac{\partial}{\partial x_1} + h_2 \frac{\partial}{\partial x_2}\right)^m f(a_1, a_2)$$

$$+ o\left(\|(h_1, h_2)\|^m\right),$$

ただし，ここで，

$$\left(h_1 \frac{\partial}{\partial x_1} + h_2 \frac{\partial}{\partial x_2} \right)^m f(a_1, a_2)$$

$$= \frac{\partial^m f(a_1, a_2)}{\partial x^m} h_1^m + {}_m\mathrm{C}_1 \frac{\partial^m f(a_1, a_2)}{\partial x_1^{m-1} \partial x_2} h_1^{m-1} h_2$$

$$+ {}_m\mathrm{C}_2 \frac{\partial^m f(a_1, a_2)}{\partial x_1^{m-2} \partial x_2^2} h_1^{m-2} h_2^2 + \cdots + \frac{\partial^m f(a_1, a_2)}{\partial x_2^m} h_2^m$$

とする．この証明も，定理 4.6 の証明とまったく同様である．

例 4.10　$f(x_1, x_2) = \mathrm{e}^{x_1 + x_2}$ のマクローリン展開（原点 $(0, 0)$ におけるテーラー展開）を求める．

$$\frac{\partial f}{\partial x_i} = \mathrm{e}^{x_1 + x_2}, \ i = 1, 2,$$

$$\frac{\partial^2 f}{\partial x_1^j x_2^{2-j}} = \mathrm{e}^{x_1 + x_2}, \ j = 0, 1, 2.$$

であるから

$$\mathrm{e}^{x_1 + x_2} = 1 + \frac{x_1 + x_2}{1!} + \frac{(x_1 + x_2)^2}{2!} + o\left(\|(x_1, x_2)\|^2\right).$$

問 4.8　次の関数のマクローリン展開を求めよ．

(1)　$\sqrt{1 + x_1 + x_2}$．

(2)　$\ln(1 + x_1 + x_2)$．

4.4　マーケティングへの応用：テーマパークのマーケティング戦略

　ここで本章の冒頭に示したテーマパークのマーケティング戦略について，ここまで学習した内容を用いて分析してみよう．これまでのデータから当テーマパークの 8 月の来場者数は「チケットの価格」「広告宣伝費の支出」「雨天日数」の 3 要因によって，決定することがわかっていた．具体的には，以下の数式で示される．

$$V = 5,000 \times P^{-0.8} \times A^{0.8} \times R^{-0.5} + 1,000. \tag{4.11}$$

ただし,

- V：月間来場者数（人），
- P：チケット価格（円），
- A：広告宣伝費（円），
- R：降水日数（日）．

現状ではチケット価格 $P = 7,000$ 円，広告宣伝費 $A = 30,000,000$ 円，降水日数 $R = 5$ 日 である．

これらの条件を (4.11) 式に代入すると，$V =1,800,300$ 人となり，テーマパークの総売り上げは，$V \times P$ で，$12,602,100,000$ 円となる．

まずは台風による影響を分析するため，雨天日が 1 日増えた際の影響を求めてみる．他の変数を固定して R について偏微分すると，

$$\frac{\partial V}{\partial R} = 5,000 \times (-0.5) \times P^{-0.8} \times A^{0.8} \times R^{-0.5-1}$$

となり，この式に初期条件 $P = 7,000$，$A = 30,000,000$，$R = 5$ を代入して計算すると，

$$\frac{\partial V}{\partial R} = -179,930 \text{ 人}$$

となる．すなわち，月の降水日数が 1 日増えるごとに来場者数が 179,930 人減少することがわかる．したがって台風の直撃により，月の降水日が 2 日増えた場合，来場者数は約 359,860 人減少するため，検討する施策は，これを少しでも緩和するものでなければならない．

それでは部下からの提案である A 案「5,000,000 円分の広告宣伝費を追加することで，地元の X 電鉄に車内広告をうつ」と，B 案「入場チケットの 500 円割引クーポンを配る」をそれぞれ検討してみよう．

$R = 7$ 日になったときの広告宣伝費の増加とチケット価格の引き下げ，それぞれの効果を分析するため，(4.11) 式について A と P で偏微分すると，

$$\frac{\partial V}{\partial A} = 0.0406 \text{ 人},$$
$$\frac{\partial V}{\partial P} = -173.79 \text{ 人}$$

となる．以上から，A 案と B 案による来場者数の変化をそれぞれ検討すると，

（A 案）広告宣伝費を 5,000,000 円増加させた際の見込み来場者数増は，

$$0.0406 \times 5,000,000 = 203,000 \text{ 人}$$

となる．したがってこれによる収益の増加は，

$$203,000 \text{ 人} \times 7,000 \text{ 円} = 1,421,000,000$$

となり，広告宣伝費の追加によるコスト増を考えても，大きな収益改善効果が見込まれる．

（B 案）入場チケット代を 500 円割引した際の見込み来場者数増は，

$$-173.79 \times (-500) = 86,895 \text{ 人}$$

となる．ここで検討しなければいけないのは，チケット代の単価が減少していることである．そこで値引き前後の総売上を比較すると，

$$\text{初期の総売上} = 1,521,686 \text{ 人} \times 7,000 = 10,651,802,000 \text{ 円},$$
$$\text{新しい総売上} = 1,608,581 \text{ 人} \times 6,500 = 10,455,776,500 \text{ 円}$$

となり，値引き効果は確かに来場者数増加をもたらすが，単価の減少によってかえってテーマパーク全体の収益性を悪化させることがわかる．そのためこの条件下では，（A 案）の方が有効であると言えよう．

ただし，このケースでは学習のために状況を単純化したが，実際には広告の効果は単純増加ではなく，逓減的であることも想定される．こうした逓減効果については，5 章でも検討する．またテーマパークにはチケット代以外にも，お土産やレストランなどでも売上があるため，来場者数の増加は，さらなる増収効果も望まれる．実際にはこうした要因を考慮したモデルも検討すべきであろう．

数学やデータ分析を活用したテーマパークのマーケティング戦略の立案は，森岡 毅氏による USJ の改革が有名である．多くの書籍や記事が出ているため，気になる人は調べてみよう[6]．

---

[6] 森岡毅 (2016)『USJ を劇的に変えた，たった 1 つの考え方』角川書店など

156 第 4 章 多変数関数と偏微分

4.5 経済学への応用：限界効用と限界代替率

定義 4.11 （効用関数と限界効用）　ある 2 財の消費量を x_1, x_2 で表わすことにする．この消費量から得られるある消費者の満足度の大きさ，すなわち**効用** u が関数 f によって

$$u = f(x_1, x_2)$$

で与えられているとする．このような満足度を計る関数 f を**効用関数**と呼ぶ．このとき，

$$\frac{\partial u}{\partial x_i}, \quad i = 1, 2$$

を**限界効用**と呼ぶ．限界効用は，他の財の消費量を一定として特定の 1 財の消費量を変化させたときの効用の変化率を表わしている．

定義 4.12 （無差別曲線）　効用関数 f に対して，$u_1 =$ 定数として

$$f(x_1, x_2) = u_1 \tag{4.12}$$

を満たす財の消費量 (x_1, x_2) の組み合わせを (x_1, x_2)-平面上に図示した曲線を**無差別曲線**という．$u_1 =$ 一定ということに注意すると，

$$\mathrm{d}u = \frac{\partial u}{\partial x_1}\mathrm{d}x_1 + \frac{\partial u}{\partial x_2}\mathrm{d}x_2 = 0.$$

したがって

$$-\frac{\mathrm{d}x_2}{\mathrm{d}x_1} = \frac{\frac{\partial u}{\partial x_1}}{\frac{\partial u}{\partial x_2}}. \tag{4.13}$$

図 4.3 のように (4.12) は無差別曲線の傾きを表しており，**限界代替率**と呼ばれている．

!　注意 4.8.　限界代替率は，その定義からわかるように特定の 1 財の消費量が変化したとき，効用を一定に保つためには他財の消費量をどれくらい変化させなければならないのかという割合を表している．

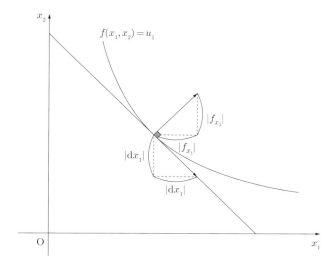

図 4.3 限界代替率

◆練習問題◆

1 (4.11) 式について，
$$\frac{\partial V}{\partial R}, \quad \frac{\partial V}{\partial A}, \quad \frac{\partial V}{\partial P}$$
を Python を使って求めて，上記の分析結果が正しいことを確かめよ．

2 ある 2 財，第 1 財と第 2 財の消費量 x_1, x_2 に対する効用関数が $u = x_1 x_2$ と与えられているとする．このとき，$(x_1, x_2) = (1, 2)$ の組合せと，$(x_1, x_2) = (2, 1)$ の組合せとでは，どちらの方が，第 1 財に対する第 2 財の限界代替率が大きいか．Python で計算して答えよ．

3 ある製品を製造する企業を考える．製品を作るのには原材料 1 と原材料 2 を必要とし，原材料 1 と 2 の投入量を，それぞれ x_1 と x_2 とすると，製品の生産量が
$$q = x_1^{\frac{1}{3}} x_2^{\frac{1}{2}}$$
であるとする．

(1) 原材料 1 と 2 の価格を，それぞれ p_1 と p_2 とし，この製品の当該企業販売価格を p としたとき，この製品から得られる当該企業の利潤を (x_1, x_2) の関数として表わせ．

(2) 原材料 i $(i = 1, 2)$ の投入量をそれぞれ 1 単位ずつ増加させたときの利潤変化量を求めよ．ただし，それぞれの原材料投入量を 1 単位変化させたと

158　第 4 章　多変数関数と偏微分

きの利潤変化量は，それぞれの原材料投入量に対する利潤の偏導関数で表
わせるものとする．

第 **5** 章

積分

　積分法は，長さ，面積，体積などを求めるために考案されたものであるが，確率を計算する際にも積分法は用いられる．将来のことは，基本的に不確実である．不確実性を科学する主たる方法は確率論である．したがって，不確実性下の経営を含む意思決定を科学的に行うためには，確率論，そして，その基礎となる積分の知識が必須と言える．

【導入ケース】広告効果の分析 (2)

　第 2 章で学習した広告効果の分析をさらに深めよう．化粧品メーカーの広報担当であるあなたは，来月から販売予定の目玉商品「マシュマロリップ」の広告戦略を考えていた．2 章では，学習した対数関数の知識を使って，広告掲載日数とアクセス数の関係性が以下の式で推定できることを学んだ（表 2.1）．

$$f(x) = -1132.69 \log(x) + 9287.42.$$

　そこで今回は，広告業者と契約を結ぶにあたり，具体的な広告日数を決定したい．過去データから自社ホームページへのアクセスから商品購入に至る確率が 2% であることがわかっていた．今回は，広告料金との費用対効果を踏まえ，SNS 広告から 3,000 本の販売に繋げたいと考えている．すなわち 3,000 本の到達見込みで広告を打ち止めたい．どのようにして分析すればよいだろうか．

　ここで活躍するのが，本章で学習する積分である．どのように活かせばよいか想像しながら学習を進めていこう．

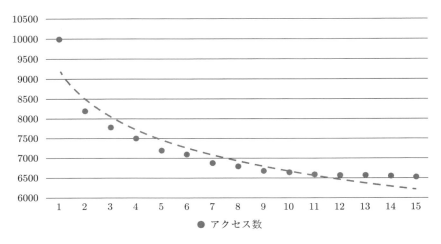

図 5.1 広告掲載日数とアクセス数の過去データ

学習ポイント
- ☑ 定積分について理解する.
- ☑ 不定積分について理解し,べき関数と指数関数の原始関数が求められる.
- ☑ 置換積分と部分積分について理解し,それらを用いた演算ができる.
- ☑ 広義積分について理解する.

5.1 定積分

定義 5.1(**区間の分割**) 閉区間 $[a, b] \subset \mathbb{R}$ を有限個の点

$$a = x_0 < x_1 < x_2 < \cdots < x_n = b$$

によって,n 個の部分区間

$$[x_0, x_1], \ [x_1, x_2], \ \cdots, \ [x_{n-1}, x_n]$$

に分けることを $[a, b]$ の**分割**といい,この分割を Δ で表わすことにする.また,左から i 番目の部分区間 $[x_{i-1}, x_i]$ を δ_i で表わすことにして,δ_i の長さ $x_i - x_{i-1}$ ($i = 1, \cdots, n$) の最大値を $|\Delta|$ という記号で表わす.すなわち,

$$\delta_1 = [x_0, x_1], \ \delta_2 = [x_1, x_2], \ \cdots, \ \delta_n = [x_{n-1}, x_n],$$

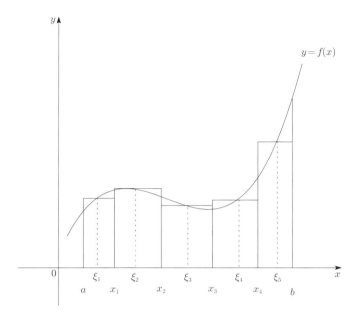

図 5.2 定積分の幾何学的意味

$$|\Delta| = \max\{x_1 - x_0, x_2 - x_1, \cdots, x_n - x_{n-1}\}$$

とする．このとき，$|\Delta|$ の値が小さいほど，分割 Δ は細かくなる．

図 5.2 のように，区間 $[a,b]$ 上の非負値関数 $y = f(x)$ が与えられているとして，2 直線 $x = a$, $x = b$ と x 軸および曲線 $y = f(x)$ で囲まれた部分の面積を求めることを考える．長方形であれば，その面積は，高さ × 底辺で求められるので，図 5.2 のように区間 $[a,b]$ を分割し，(高さ $f(\xi_1)$, 底辺 $[a, x_1]$), (高さ $f(\xi_2)$, 底辺 $[x_1, x_2]$), $\cdots$, (高さ $f(\xi_5)$, 底辺 $[x_4, b]$) の長方形を考えれば，これらの長方形の面積は求められる．したがって，求めるべき面積を，これら長方形の面積の和で近似的に求めることは可能である．このように長方形の面積の和で近似的に面積を求める方法を一般化したものが次の定積分である．

定義 5.2（定積分） 関数 $f(x)$ は閉区間 $[a,b]$ において定義されているものとする．Δ を定義 5.1 の分割として，部分区間 $\delta_i = [x_{i-1}, x_i]$ 上の任意の点 ξ_i をとって，

162   第 5 章　積分

$$\sum_{i=1}^{n} f(\xi_i)(x_i - x_{i-1}) = f(\xi_1)(x_1 - x_0) + f(\xi_2)(x_2 - x_1)$$

$$+ \cdots + f(\xi_n)(x_n - x_{n-1}) \tag{5.1}$$

を考える[1]．$|\Delta| \to 0$ としたとき，(5.1) の値がある実数 I に収束するならば，$f(x)$ は $[a, b]$ で**積分可能**であるといって

$$I = \int_a^b f(x)\mathrm{d}x$$

と書き[2]，これを $f(x)$ の a から b までの**定積分**といい，a を**上端**，b を**下端**という．また，定積分に対して，$f(x)$ を**被積分関数**といい，x を**積分変数**という．

(5.1) において，$f(x) \geq 0$ の場合には，$f(x_i)(x_i - x_{i-1})$ は底辺が $x_i - x_{i-1}$ で高さが $f(\xi_i)$ である長方形の面積であるから，(5.1) はこれら長方形の面積の総和を表わしている．したがって，$|\Delta| \to 0$ としたときの (5.1) の極限は，(x, y)-平面上における 2 直線 $x = a$，$x = b$ と x 軸および曲線 $y = f(x)$ で囲まれた図形の面積を表わすことになる（図 5.2 参照）．

!　**注意 5.1.**　δ_i 上の関数 f の最大値と最小値をそれぞれ M_i と m_i として，

$$S = \sum_{i=1}^{n} M_i(x_i - x_{i-1}),$$

$$s = \sum_{i=1}^{n} m_i(x_i - x_{i-1})$$

とおくと，

$$s \leq \sum_{i=1}^{n} f(\xi_i)(x_i - x_{i-1}) \leq S$$

であるから，f が $[a, b]$ で積分可能であることは，$S - s \to 0$ $(|\Delta| \to 0)$ と同値である．

---

[1] ここで，分割 Δ を作るのに有限個に分けるのであればどのように分割してもよいし，ξ_i のとり方は区間 $[x_{i-1}, x_i]$ 上ならばどこにとってもよい．したがって，$|\Delta|$ の値を 1 つ決めたとき，(5.1) の値は無数にある．

[2] 記号 $\int$ は，ローマ字の S をくずしたものである．ローマ字 S の起源となったギリシャ文字 $\sum$ は英語の Summation（和）を表すことから，この極限を表すために $\int$ という記号を用いている．

5.2 定積分の性質　　*163*

定積分はいつでも存在するとは限らないが，次の定理が成立する．

定理 5.1　　閉区間 $[a,b]$ で連続な関数は $[a,b]$ で積分可能である．

【証明】　　ϵ を任意の正の実数とする．関数 f が $[a,b]$ 上で連続であるとすると，任意の $x_1, x_2 \in [a,b]$ に対して，

$$|f(x_1) - f(x_2)| \to 0 \ (|x_1 - x_2| \to 0)$$

とできる．したがって，$[a,b]$ の分割 Δ を $|\Delta| \to 0$ となるようにとれば，Δ を構成する各小区間 δ_i 上の関数 f の最大値と最小値をそれぞれ M_i と m_i として，$0 \leq M_i - m_i \leq \epsilon \to 0$ とできる．したがって，

$$S - s = \sum_{i=1}^{n} (M_i - m_i)(x_i - x_{i-1})$$

$$\leq \epsilon(b-a) \to 0 \ (|\Delta| \to 0).$$

よって，注意 5.1 より，f は積分可能となる．　　□

以下本章では，特に断らない限り，考察する関数は連続関数であると仮定する．また，積分の上端と下端について次の規約をする．

$$a > b \Longrightarrow \int_a^b f(x)\mathrm{d}x = -\int_b^a f(x)\mathrm{d}x,$$

$$a = b \Longrightarrow \int_a^b f(x)\mathrm{d}x = \int_a^a f(x)\mathrm{d}x = 0.$$

問 5.1　　区間 $[a,b]$ 上で $f(x)$ の値が常に定数 k に等しいならば

$$\int_a^b f(x)\mathrm{d}x = k(b-a)$$

となることを示せ．

5.2　定積分の性質

定積分の定義と関数の四則演算についての極限公式（公式 2.1）より次が成立する．

164 第 5 章 積分

公式 5.1

(1) 積分の線形性

$$\int_a^b (f(x) \pm g(x))\mathrm{d}x = \int_a^b f(x)\mathrm{d}x \pm \int_a^b g(x)\mathrm{d}x \quad (\text{複号同順}).$$

$$\int_a^b cf(x)\mathrm{d}x = c\int_a^b (x)\mathrm{d}x \quad (c\text{ は定数}).$$

(2) 積分区間についての加法性

$$\int_a^b f(x)\mathrm{d}x = \int_a^c f(x)\mathrm{d}x + \int_c^b f(x)\mathrm{d}x.$$

(3) 関数の大小と積分の大小の関係

$$\text{区間 } [a,b] \text{ で } f(x) \geq g(x) \Rightarrow \int_a^b f(x)\mathrm{d}x \geq \int_a^b g(x)\mathrm{d}x.$$

等号が成立するのは，$f(x) = g(x)$ となる場合に限る.

次の定理は，$f(x) \geq 0$ としたとき，定積分 $\int_a^b f(x)\mathrm{d}x$ が，区間 (a,b) 内の点 c を上手くとれば，高さ $f(c)$，底辺 $b-a$ の長方形の面積で与えられるということを一般化したものである.

定理 5.2 （定積分に関する平均値の定理）

$$\frac{1}{b-a}\int_a^b f(x)\mathrm{d}x = f(c)$$

となる点 $c\ (a < c < b)$ が存在する.

【証明】* 区間 $[a,b]$ における $f(x)$ の最大値を M, 最小値を m とする. $m < M$ のときには，公式 5.1(3) より，

$$m(b-a) = \int_a^b m\mathrm{d}x \leq \int_a^b f(x)\mathrm{d}x \leq \int_a^b M\mathrm{d}x = M(b-a).$$

辺々を $b-a$ で割ると

$$m \leq \frac{1}{b-a}\int_a^b f(x)\mathrm{d}x \leq M.$$

よって，中間値の定理（定理 2.2）より題意が成立する．$m = M$ のときには $[a, b]$ 内の任意の点を c とすればよい． ☐

次の定理は，定積分の上端を変数 x として，関数 $S(x) = \int_a^x f(t)\mathrm{d}t$ を定義すると，この関数の導関数が被積分関数 $f(x)$ となることを示している．

定理 5.3 $[a, b]$ 内の任意の点 x に対して，$S(x) = \int_a^x f(t)\mathrm{d}t$ とおくと，

$$\frac{\mathrm{d}}{\mathrm{d}x} S(x) = f(x).$$

【証明】 公式 5.1(2) と定積分に関する平均値の定理（定理 5.2）より，

$$\frac{S(x + h) - S(x)}{h} = \frac{1}{h} \left(\int_a^{x+h} f(t)\mathrm{d}t - \int_a^x f(t)\mathrm{d}t \right)$$
$$= \frac{1}{h} \int_x^{x+h} f(t)\mathrm{d}t = f(c)$$

を満たす c が $[x, x+h]$ 内に存在する．$h \to 0$ とすれば，$c \to x$, $f(c) \to f(x)$ であるから，

$$\frac{\mathrm{d}}{\mathrm{d}x} S(x) = \lim_{h \to 0} \frac{S(x + h) - S(x)}{h} = f(x).$$

☐

次の系は，関数 $f(x)$ に対して，$\frac{\mathrm{d}}{\mathrm{d}x} F(x) = f(x)$ となる関数 $F(x)$ がわかれば，定積分 $\int_a^b f(x)\mathrm{d}x$ は，関数 $F(x)$ の端点間の差 $F(b) - F(a)$ で与えられるということを示している．

系 5.1

$$\frac{\mathrm{d}}{\mathrm{d}x} F(x) = f(x) \quad \text{ならば} \quad \int_a^b f(x)\mathrm{d}x = F(b) - F(a). \tag{5.2}$$

【証明】 $[a, b]$ 内の任意の点 x に対して，$S(x) = \int_a^x f(t)\mathrm{d}t$ とおく．定理 5.3 より，

$$\frac{\mathrm{d}}{\mathrm{d}x}(S(x) - F(x)) = \frac{\mathrm{d}}{\mathrm{d}x} S(x) - \frac{\mathrm{d}}{\mathrm{d}x} F(x) = f(x) - f(x) = 0$$

166   第 5 章　積分

であるから，c をある定数として，$S(x) - F(x) = c$ である．したがって，

$$\int_a^b f(x)\mathrm{d}x = S(b) = c + F(b).$$

さらに，ここで $S(a) = 0$ に注意すると，$c = -F(a)$ であるから，(5.2) を得る．　　　　　　　　　　　　　　　　　　　　　　　　　　　　□

以下，(5.2) の定積分を

$$\int_a^b f(x)\mathrm{d}x = \left[F(x)\right]_a^b$$

と表わす．

5.3　不定積分

定義 5.3　（原始関数）　関数 $f(x)$ が与えられたとき，

$$\frac{\mathrm{d}}{\mathrm{d}x}F(x) = f(x)$$

となる関数 $F(x)$ を $f(x)$ の**原始関数**という．

例 5.1　（原始関数）　$\left(x^2\right)' = 2x$ であるから，x^2 は $2x$ の原始関数である．一方，任意の定数 C に対して，$\left(x^2 + C\right)' = 2x$ であるから，$x^2 + C$ も $2x$ の原始関数となる．

例 5.1 からわかるように，$f(x)$ の 1 つの原始関数を $F(x)$ とすると任意の定数 C に対して，

$$(F(x) + C)' = f(x)$$

となるから，$F(x) + C$ も $f(x)$ の原始関数となる．また，$f(x)$ の他の原始関数を $G(x)$ とすれば，

$$\begin{aligned}
(G(x) - F(x))' &= G'(x) - F'(x) \\
&= f(x) - f(x) = 0.
\end{aligned}$$

したがって，C を任意の定数として，$G(x) - F(x) = C$．すなわち，

$$G(x) = F(x) + C$$

となっている．以上から，一般に $f(x)$ の原始関数は，C を任意の定数として，$F(x) + C$ という関数で表わされることになる．

定理 5.3 より $\int_a^x f(t)\mathrm{d}t$ も $f(x)$ の原始関数の 1 つである．同様に，積分の下端を変えた

$$\int_b^x f(t)\mathrm{d}t, \quad \int_c^x f(t)\mathrm{d}t$$

などはいずれも $f(x)$ の原始関数である．すなわち，原始関数を考える上では下端の値は問題にならない．そこで下端の値は省略して

$$\int^x f(t)\mathrm{d}t \tag{5.3}$$

で原始関数を表わすことにする．

定義 5.4（不定積分）　通常，(5.3) を

$$\int f(x)\mathrm{d}x$$

と書き，関数 $f(x)$ の**不定積分**という．

$F(x)$ を $f(x)$ の原始関数の 1 つとすると，

$$\int f(x)\mathrm{d}x = F(x) + C, \quad C \text{ は定数} \tag{5.4}$$

と表わすことができる．関数 $f(x)$ の不定積分を求めることを $f(x)$ を**不定積分する**，あるいは，単に**積分する**という．また，C を**積分定数**という．

! 注意 5.2.
 (1) 以下では積分定数は省略する．
 (2) 不定積分の定義からわかるように，「積分する」は「微分する」の逆演算である．

不定積分の定義および，表 3.1 の微分法の公式から次の公式を得る．

公式 5.2（不定積分の公式）

(1) $\displaystyle \int x^a \mathrm{d}x = \frac{x^{a+1}}{a+1}, \qquad a \neq -1.$

168 第 5 章 積分

(2) $\displaystyle\int \frac{\mathrm{d}x}{x} = \log|x|.$

(3) $\displaystyle\int \mathrm{e}^x \mathrm{d}x = \mathrm{e}^x.$

関数の四則演算についての導関数公式（公式 3.2）と不定積分の定義により，次の公式を得る．

公式 5.3（不定積分の線形性）

$$\int (f(x) \pm g(x))\,\mathrm{d}x = \int f(x)\mathrm{d}x \pm \int g(x)\mathrm{d}x, \quad 複号同順.$$

$$\int k f(x)\mathrm{d}x = k \int f(x)\mathrm{d}x, \quad k は定数.$$

Python 操作法 5.1（不定積分と定積分 `sympy.integrate`）

`sympy.integrate` を用いると積分ができる．関数 $f(x)$ の不定積分を求めるには，SymPy ライブラリをインポートして，

```
integrate(f(x),x)
```

と入力する．
定積分 $\int_a^b f(x)\mathrm{d}x$ を求めるには，

```
integrate(f(x),(x,a,b))
```

と入力する．∎

▶**演習 5.1.** Python で公式 5.2 を確かめてみよう．

演習 5.1 解答例

```
from sympy import *
var('a x')
#(1)
print('(1)'); display(integrate(x**a,x))
```

```
#(2)
print('(2)');display(integrate(1/x,x))
#(3)
print('(3)');display(integrate(E**x,x))
```

(1)
$$\begin{cases} \frac{x^{a+1}}{a+1} & \text{for } a \neq -1 \\ \log(x) & \text{otherwise} \end{cases}$$

(2)
$\log(x)$

(3)
e^x □

なお，(1) の出力結果は，$a \neq -1$ では $\frac{x^{a+1}}{a+1}$，その他 (otherwize)，すなわち，$a = -1$ では $\log(x)$ となっている.

問 5.2   次の式が成立することを確かめよ.

(1) $\int (ax+b)^c \mathrm{d}x = \frac{(ax+b)^{c+1}}{a(c+1)}, \quad c \neq -1.$

(2) $\int \frac{\mathrm{d}x}{ax+b} = \frac{1}{a} \log |ax+b|.$

(3) $\int \mathrm{e}^{ax+b} \mathrm{d}x = \frac{1}{a} \mathrm{e}^{ax+b}.$

例 5.2
(1)

$$\begin{aligned}
\int_1^2 (5x-3)\frac{\sqrt{x}}{2}\mathrm{d}x &= \int_1^2 \left(\frac{5}{2} x^{\frac{3}{2}} - \frac{3}{2} x^{\frac{1}{2}} \right) \mathrm{d}x \\
&= \frac{5}{2} \int_1^2 x^{\frac{3}{2}} \mathrm{d}x - \frac{3}{2} \int_1^2 x^{\frac{1}{2}} \mathrm{d}x \\
&= \frac{5}{2} \left[\frac{x^{\frac{3}{2}+1}}{\frac{3}{2}+1} \right]_1^2 - \frac{3}{2} \left[\frac{x^{\frac{1}{2}+1}}{\frac{1}{2}+1} \right]_1^2 \\
&= \left[(x-1)x^{\frac{3}{2}} \right]_1^2 = 2^{\frac{3}{2}} = 2\sqrt{2}.
\end{aligned}$$

170 第 5 章 積分

(2)

$$\int_0^1 (2x-1)^2 \mathrm{d}x = \left[\frac{1}{2 \times 3}(2x-1)^3 \right]_0^1$$
$$= \frac{1}{2 \times 3}\left(1^3 - (-1)^3\right) = \frac{1}{3}.$$

▶**演習 5.2.**　例 5.2 の結果を Python で確認してみよう.

演習 5.2 解答例

```
from sympy import *
var('x')

#(1)
print('(1)')
# 被積分関数
f = (5*x-3)*sqrt(x)/2
# 不定積分
F = integrate(f,x)
# 定積分
I = integrate(f,(x,1,2))
print("被積分関数 f(x) ="); display(f)
print("原始関数 F(x) ="); display(simplify(F))
print("F(2) - F(1) ="); display(F.subs(x, 2) - F.subs(x, 1))
print("定積分 ="); display(I)

#(2)
print('(2)')
f = (2*x-1)**2
F = integrate(f,x)
I = integrate(f,(x,0,1))
print("被積分関数 f(x) ="); display(f)
print("原始関数 F(x) ="); display(simplify(F))
print("F(1) - F(0) ="); display(F.subs(x, 1) - F.subs(x, 0))
print("定積分 ="); display(I)
```

(1)
被積分関数 f(x) =
$$\frac{\sqrt{x}(5x-3)}{2}$$
原始関数 F(x) =

$$x^{\frac{3}{2}}(x-1)$$

F(2) - F(1) =
$$2\sqrt{2}$$
定積分 =
$$2\sqrt{2}$$

(2)
被積分関数 f(x) =
$$(2x-1)^2$$
原始関数 F(x) =
$$\frac{x(4x^2-6x+3)}{3}$$
F(1) - F(0) =
$$\frac{1}{3}$$
定積分 =
$$\frac{1}{3}$$

□

問 5.3 次の計算をせよ.

(1) $\int(1+2x+3\sqrt{x})\mathrm{d}x.$

(2) $\int(2\mathrm{e}^x-1)^2\mathrm{d}x.$

(3) $\int_1^2 \frac{2-x}{x^2}\mathrm{d}x.$

5.4 置換積分と部分積分

　積分を行う場合，適当な変数の置換をすると簡単な積分に帰着できることがある．この方法によって積分を行うことを**置換積分**という．

公式 5.4 （置換積分）

　合成関数 $f(g(x))$ に対して，$t=g(x)$ とすると，次の等式が成立する.

(1) $\displaystyle\int f(g(x))g'(x)\mathrm{d}x = \int f(t)\mathrm{d}t.$

(2) $\displaystyle\int_a^b f(g(x))g'(x)\mathrm{d}x = \int_{g(a)}^{g(b)} f(t)\mathrm{d}t.$

172 第 5 章 積分

【証明】 $F(t)$ を関数 $f(t)$ の原始関数とすると，$\frac{d}{dt}F(t) = f(t)$ かつ合成関数の微分法（定理 3.1）より，$\frac{d}{dx}F(g(x)) = f(g(x))g'(x)$ であるから，

(1) $\displaystyle\int f(g(x))g'(x)dx = F(g(x)) = F(t) = \int f(t)dt.$

(2) $\displaystyle\int_a^b f(g(x))g'(x)dx = F(g(b)) - F(g(a)) = \int_{g(a)}^{g(b)} f(t)dt.$

$\square$

注意 5.3. 置換積分の公式（公式 5.4）を適用するときには，形式的に $t = g(x)$ の微分 $dt = g'(x)dx$ を適用すると考えれば，公式を使いやすい．

例 5.3 （置換積分）

(1) $\int (x^2 + 1)e^{x^3 + 3x}dx$ を求める．

$x^3 + 3x = t$ とおく．$\frac{d}{dx}(x^3 + 3x) = 3(x^2 + 1)$ であるから，

$$\int (x^2 + 1)e^{x^3 + 3x}dx = \frac{1}{3}\int e^{x^3 + 3x}(3(x^2 + 1))dx$$

$$= \frac{1}{3}\int e^t dt = \frac{1}{3}e^t = \frac{1}{3}e^{x^3 + 3x}.$$

(2) $\int_2^3 \frac{x^2}{\sqrt{x^3 - 8}}dx$ を求める．

$x^3 - 8 = t$ とおく．$\frac{d}{dx}(x^3 - 8) = 3x^2$，かつ $x = 2$ のとき $t = 0$，$x = 3$ のとき $t = 19$ であるから，

$$\int_2^3 \frac{x^2}{\sqrt{x^3 - 8}}dx = \frac{1}{3}\int_2^3 \frac{1}{\sqrt{x^3 - 8}}3x^2 dx$$

$$= \frac{1}{3}\int_0^{19} \frac{1}{\sqrt{t}}dt$$

$$= \frac{1}{3}\int_0^{19} t^{-\frac{1}{2}}dt = \frac{1}{3}\left[\frac{t^{1-\frac{1}{2}}}{1-\frac{1}{2}}\right]_0^{19} = \frac{2}{3}\sqrt{19}.$$

▶**演習 5.3.** 例 5.3 の結果を，Python で確かめてみよう．

演習 5.3 解答例

```
from sympy import *
var('x t')


print('(1)')
# 被積分関数を定義
```

5.4 置換積分と部分積分 173

```
f = (x**2 + 1) * exp(x**3 + 3*x)
# 置換する関数を定義
g = x**3 + 3*x
# 置換積分の被積分関数を定義
f_t = (f/diff(g,x)).subs(g,t)
# f_t を t で積分
integral = integrate(f_t, t)
# t に g を代入
print('原始関数='); display(integral.subs(t, g))
# f を x で直接積分
print('原始関数='); display(integrate(f,x))


print('(2)')
# 被積分関数を定義
f = x**2/sqrt(x**3-8)
# 置換する関数を定義
g = x**3 - 8
# 置換積分の被積分関数を定義
f_t = (f/diff(g,x)).subs(g,t)
# f_t を t で積分
integral = integrate(f_t, (t,g.subs(x,2),g.subs(x,3)))
print('積分値 ='); display(integral)
# f を x で直接積分
print('積分値 ='); display(integrate(f,(x,2,3)))
```

(1)
$$\frac{e^{x^3+3x}}{3}$$

(2)
$$\frac{2\sqrt{19}}{3}$$

□

問 5.4 次を計算せよ.

(1) $\int \frac{x}{(x^2+2)^2}\,\mathrm{d}x.$

(2) $\int_0^1 x^3 \mathrm{e}^{x^4}\,\mathrm{d}x.$

(3) $\int (\mathrm{e}^x + 1)^2 \mathrm{d}x.$

複雑な積分を，より簡単な積分に変換するもう一つの方法として，次の部

174   第 5 章 積分

分積分がある．これは，関数の積の導関数公式（公式 3.2(3)）に対応した積分法である．

公式 5.5（部分積分）

(1) $\displaystyle\int f(x)g'(x)\mathrm{d}x = f(x)g(x) - \int f'(x)g(x)\mathrm{d}x.$

(2) $\displaystyle\int_a^b f(x)g'(x)\mathrm{d}x = [f(x)g(x)]_a^b - \int_a^b f'(x)g(x)\mathrm{d}x.$

【証明】 関数の積の導関数公式（公式 3.2(3)）より，$(f(x)g(x))' = f'(x)g(x) + f(x)g'(x)$．したがって，

$$f(x)g(x) = \int \big(f'(x)g(x)\mathrm{d}x + f(x)g'(x)\big)\mathrm{d}x.$$
$$= \int f'(x)g(x)\mathrm{d}x + \int f(x)g'(x)\mathrm{d}x.$$

ここで，2 番目の等式には，不定積分の線形性（公式 5.3）を用いた．最右辺第 1 項を最左辺に移項すれば，(1)，すなわち，

$$\int f(x)g'(x)\mathrm{d}x = f(x)g(x) - \int f'(x)g(x)\mathrm{d}x.$$

を得る．(2) については，定積分の定義から明らかである．   □

! **注意 5.4.** 部分積分を適用する際には，被積分関数を $f(x)g(x)$ として，$g(x)$ の原始関数 $G(x)$ を考えて，

$$\int f(x)g(x)\mathrm{d}x = f(x)G(x) - \int f'(x)G(x)\mathrm{d}x$$

とした方が，わかりやすいかもしれない．すなわち，$g(x)$ を積分し，他方，$f(x)$ を微分する．

例 5.4 （対数関数の積分）

$x > 0$ として $\displaystyle\int \log x\,\mathrm{d}x = x\log x - x.$

5.5 定積分の定義の拡張　　*175*

【証明】

$$\int \log x \mathrm{d}x = \int 1 \times \log x \mathrm{d}x$$

$$= x \log x - \int x (\log x)' \mathrm{d}x \quad （ここで部分積分を用いた）$$

$$= x \log x - \int x \times \frac{1}{x} \mathrm{d}x$$

$$（対数関数の導関数公式（公式 3.3(1)））$$

$$= x \log x - \int \mathrm{d}x = x \log x - x.$$

□

▶**演習 5.4.**　例 5.4 の結果を Python を使って確かめよう.

演習 5.4 解答例

```
from sympy import *
var('x')
display(integrate(log(x),x))
```

$x \log (x) - x$　　　　　　　　　　　　　　　　　　　　　　　□

| **問 5.5** | 次を計算せよ.

(1)　$\displaystyle\int_0^1 x \mathrm{e}^{2x} \mathrm{d}x.$

(2)　$\displaystyle\int_1^{\mathrm{e}} x \log x \mathrm{d}x.$

5.5 定積分の定義の拡張

　これまでは, 被積分関数 $f(x)$ は, 閉区間 $[a, b]$ で連続であるとして, その区間上での定積分を考えてきたが, それ以外の場合に定積分の定義を拡張する.

定義 5.5　（広義積分）

(1)　下端 a で連続でない場合,

$$\int_a^b f(x) \mathrm{d}x = \lim_{\epsilon \to 0+0} \int_{a+\epsilon}^b f(x) \mathrm{d}x,$$

176   第 5 章　積分

(2)　上端 b で連続でない場合，

$$\int_a^b f(x)\mathrm{d}x = \lim_{\epsilon \to 0+0} \int_a^{b-\epsilon} f(x)\mathrm{d}x,$$

(3)　上端 $b = \infty$ の場合，

$$\int_a^\infty f(x)\mathrm{d}x = \lim_{b \to \infty} \int_a^b f(x)\mathrm{d}x,$$

(4)　下端 $a = -\infty$ の場合，

$$\int_{-\infty}^b f(x)\mathrm{d}x = \lim_{a \to -\infty} \int_a^b f(x)\mathrm{d}x$$

として，以上の (1)〜(4) のそれぞれで，右辺の極限値が存在するとき，積分は**収束する**といい，その極限値を左辺の積分値とする．一方，右辺が存在しないときには，**発散する**という．以上の (1)〜(4) を組み合わせた積分を**広義積分**という．

例 5.5 （広義積分）

(1)　$\displaystyle\int_0^1 \frac{1}{\sqrt{x}}\mathrm{d}x = 2.$
　　図 5.3 の左上図のとおり，被積分関数 $\frac{1}{\sqrt{x}}$ は，$x \to 0+$ で発散している．このことに注意すると，

$$\begin{aligned}
\int_0^1 \frac{1}{\sqrt{x}}\mathrm{d}x &= \lim_{\epsilon \to 0+0} \int_\epsilon^1 \frac{1}{\sqrt{x}}\mathrm{d}x \\
&= \lim_{\epsilon \to 0+0} [2\sqrt{x}]_\epsilon^1 = \lim_{\epsilon \to 0+0} 2(1 - \sqrt{\epsilon}) = 2.
\end{aligned}$$

(2)　$\displaystyle\int_0^\infty \frac{1}{x^2}\mathrm{d}x$ は発散する．
　　図 5.3 の右上図のとおり，被積分関数 $\frac{1}{x^2}$ は，$x \to 0+$ で発散している．このことに注意すると，

$$\begin{aligned}
\int_0^\infty \frac{1}{x^2}\mathrm{d}x &= \lim_{a \to 0+0} \lim_{b \to \infty} \int_a^b \frac{1}{x^2}\mathrm{d}x \\
&= \lim_{a \to 0+0} \lim_{b \to \infty} \left[-\frac{1}{x}\right]_a^b
\end{aligned}$$

$$= \lim_{b \to \infty}\left(-\frac{1}{b}\right) - \lim_{a \to 0+0}\left(-\frac{1}{a}\right) = 0 + \infty = \infty.$$

(3) $\displaystyle\int_{-1}^{1} \frac{dx}{x}$ は発散する．

図 5.3 下図のとおり，被積分関数 $\frac{1}{x}$ は $x = 0$ で連続でないから，$[-1, 0)$ と $(0, 1]$ の 2 つの区間に分けて考えると

$$\int_{-1}^{0} \frac{1}{x}\mathrm{d}x = \lim_{\epsilon \to 0+0} \int_{-1}^{-\epsilon} \frac{1}{x}\mathrm{d}x$$
$$= \lim_{\epsilon \to 0+0} [\log |x|]_{-1}^{-\epsilon} = \lim_{\epsilon \to 0+0} \log \epsilon = -\infty,$$
$$\int_{0}^{1} \frac{1}{x}\mathrm{d}x = \lim_{\epsilon \to 0+0} \int_{\epsilon}^{1} \frac{1}{x}\mathrm{d}x$$
$$= \lim_{\epsilon \to 0+0} [\log |x|]_{\epsilon}^{1} = \lim_{\epsilon \to 0+0} (-\log \epsilon) = \infty.$$

よって，$\displaystyle\int_{-1}^{1} \frac{1}{x}\mathrm{d}x = \int_{-1}^{0} \frac{1}{x}\mathrm{d}x + \int_{0}^{1} \frac{1}{x}\mathrm{d}x$ は発散する．

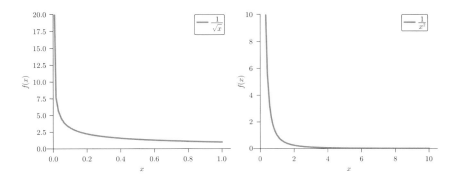

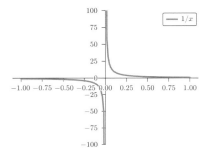

図 5.3 例 5.5 の被積分関数のグラフ

178   第 5 章　積分

! **注意 5.5.**　例 5.5(3) を次のようにしてはいけない.

$$\int_{-1}^{1} \frac{\mathrm{d}x}{x} = [\log|x|]_{-1}^{1} = \log 1 - \log 1 = 0.$$

▶**演習 5.5.**　例 5.5 を Python で確認してみよう.

演習 5.5 解答例

```
from sympy import *
var('x')

print('(1)')
#被積分関数の定義
f = 1/sqrt(x)
print('被積分関数 f(x)='); display(f)
# x=0で不連続であることを確認
print('f(x)->', limit(f, x, 0, dir='+'), '(x->0+)')
#原始関数の定義
F = integrate(f,x)
print('原始関数 F(x) ='); display(F)
print('F(1)-F(0+) =', F.subs(x,1) - limit(F, x, 0, dir='+'))
print('積分値 =', integrate(f,(x,0,1)))

print('(2)')
f = 1/x**2
print('被積分関数 f(x)='); display(f)
print('f(x)->', limit(f, x, 0, dir='+'), '(x->0+)')
print('f(x)->', limit(f, x, oo), '(x->oo)')
F = integrate(f,x)
print('原始関数 F(x) ='); display(F)
print('F(oo)-F(0+) =', limit(F, x, oo) - limit(F, x, 0, dir='+'
    ))
print('積分値 =', integrate(f, (x,0,oo)))

print('(3)')
f = 1/x
print('被積分関数 f(x)='); display(f)
print('f(x)->', limit(f, x, 0, dir='+'), '(x->0+)')
print('f(x)->', limit(f, x, 0, dir='-'), '(x->0-)')
F = integrate(f,x)
```

5.5 定積分の定義の拡張　　*179*

```
F = F.subs(x, abs(x))
print('原始関数 F(x) ='); display(F)
print('F(1)-F(0+) =', F.subs(x, 1) - limit(F, x, 0, dir='+'))
print('F(0-)-F(-1) =', limit(F, x, 0, dir='-') - (F.subs(x,
    -1)))
print('F(1)-F(0+) + F(0-)-F(-1) =',
    (F.subs(x, 1) - limit(F, x, 0, dir='+'))
    + limit(F, x, 0, dir='-') - (F.subs(x, -1)))
print('積分値 =',integrate(f,(x,-1,1)))
```

(1)
被積分関数 f(x)=
$$\frac{1}{\sqrt{x}}$$
f(x)-> oo (x->0+)
原始関数 F(x) =
$$2\sqrt{x}$$
F(1)-F(0+) = 2
積分値 = 2

(2)
被積分関数 f(x)=
$$\frac{1}{x^2}$$
f(x)-> oo (x->0+)
f(x)-> 0 (x->oo)
原始関数 F(x) =
$$-\frac{1}{x}$$
F(oo)-F(0+) = oo
積分値 = oo

(3)
被積分関数 f(x)=
$$\frac{1}{x}$$
f(x)-> oo (x->0+)
f(x)-> -oo (x->0-)
原始関数 F(x) =
$$\log(|x|)$$
F(1)-F(0+) = oo
F(0-)-F(-1) = -oo

180　第 5 章　積分

```
F(1)-F(0+) + F(0-)-F(-1) = nan
積分値 = nan
```

問 5.6　次の計算を手でした後，結果を Python で確かめよ．

(1) $\displaystyle\int_0^1 \frac{\mathrm{d}x}{\sqrt{1-x}}$．

(2) $\displaystyle\int_0^1 \log\left(\frac{1}{x}\right)\mathrm{d}x$．

(3) $\displaystyle\int_0^1 \frac{\mathrm{d}x}{1-x}$．

(4) $\displaystyle\int_{-\infty}^0 \mathrm{e}^x\mathrm{d}x$．

(5) $\displaystyle\int_{-1}^1 \frac{\mathrm{d}x}{1-x^2}$．

(6) $\displaystyle\int_{-1}^1 \frac{\mathrm{d}x}{x^2}$．

5.6　重積分 *

　これまでは，1 変数関数 $f(x)$ の積分であったが，ここでは，これを 2 変数関数 $f(x,y)$ に拡張する．1 変数関数 $f(x)$ の積分は，面積を一般化したものであったが，2 変数関数 $f(x,y)$ の場合には，体積を一般化したものとなる．

　(x,y)-平面上の長方形 $A = [a,b]\times[c,d]$ で連続な 2 変数関数 $f(x,y)$ の A における積分を次で定義する．

定義 5.6（二重積分）　図 5.4 のように，長方形 $A = \{(x,y)\in[a,b]\times[c,d]\}$ において，$a = x_0 < x_1 < \cdots < x_m = b, c = y_0 < y_1 < \cdots < y_n = d$ となる分点 (x_i, y_j) により，A を $m\times n$ 個の小さな長方形 $\delta_{ij} = \{(x,y)\in[x_{i-1},x_i]\times[y_{j-1},y_j]\}$ $(i = 1,\cdots,m, j = 1,\cdots,n)$ に分割する．(ξ_{ij},η_{ij}) を δ_{ij} に属する任意の点として[3]，

$$\sum_{i=1}^m \sum_{j=1}^n f(\xi_{ij},\eta_{ij})(x_i - x_{i-1})(y_j - y_{j-1}) \tag{5.5}$$

---

[3] η はギリシャ文字で eta と読む．

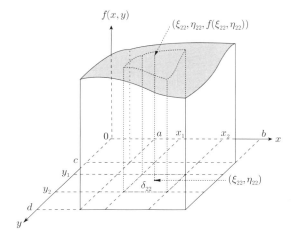

図 5.4　重積分

を考える[4]．このとき，$|\Delta| = \max\{x_i - x_{i-1}, y_j - y_{j-1} \mid i = 1, \cdots, m, j = 1, \cdots, n\}$ として，$|\Delta| \to 0$ としたとき，(5.5) が分点 x_i, y_j と (ξ_{ij}, η_{ij}) のとり方に関係なく一定の値に収束するならば，$f(x, y)$ は A において**積分可能**であるといい，この極限値を A における**二重積分**あるいは，単に**積分**と言って，次で表わす．

$$\iint_A f(x, y) \mathrm{d}x \mathrm{d}y.$$

! 注意 5.6.

(1) 二重積分の定義（定義 5.6）において，小長方形 δ_{ij} 上の f の最大値と最小値をそれぞれ M_{ij} と m_{ij} として，

$$S_\Delta = \sum_{i=1}^m \sum_{j=1}^n M_{ij}(x_i - x_{i-1})(y_j - y_{j-1}),$$

$$s_\Delta = \sum_{i=1}^m \sum_{j=1}^n m_{ij}(x_i - x_{i-1})(y_j - y_{j-1})$$

とおくと，

$$s_\Delta \le \sum_{i=1}^m \sum_{j=1}^n f(\xi_{ij}, \eta_{ij})(x_i - x_{i-1})(y_j - y_{j-1}) \le S_\Delta$$

---

[4] $f(x, y) > 0$ とすると，$f(\xi_{ij}, \eta_{ij})(x_i - x_{i-1})(y_j - y_{j-1})$ は高さ $f(\xi_{ij}, \eta_{ij})$，底面積 $(x_i - x_{i-1})(y_j - y_{j-1})$ の直方体の体積である．

182　第 5 章　積分

であるから，f が A において積分可能であることと，A の任意の分割
$\Delta = \{\delta_{ij}\}$ に対して，

$$S_\Delta - s_\Delta \to 0 \quad (|\Delta| \to 0)$$

が成り立つことは同値である.
(2) 二重積分に対して，1 変数関数の積分を**単積分**と呼ぶことがある.

定理 5.4 （**連続関数の積分可能性**）　$f(x,y)$ が長方形 $A = [a,b] \times [c,d]$ 上において連続であれば，$f(x,y)$ は，A 上において積分可能である.

【証明】　ϵ を任意の正の実数とする. f は A 上で連続なので，A 内の任意の 2 点 $\boldsymbol{x}_1 = (x_1, y_1)$ と $\boldsymbol{x}_2 = (x_2, y_2)$ に対して，$\boldsymbol{x}_1$ と $\boldsymbol{x}_2$ の距離を $\|\boldsymbol{x}_1 - \boldsymbol{x}_2\| = \sqrt{(x_2 - x_1)^2 + (y_2 - y_1)^2}$ として，

$$|f(\boldsymbol{x}_1) - f(\boldsymbol{x}_2)| \to 0 \ (\|\boldsymbol{x}_1 - \boldsymbol{x}_2\| \to 0)$$

とできる.

したがって，A の小長方形へ分割を $\{\delta_{ij} = [x_{i-1}, x_i] \times [y_{j-1}, y_j] | i = 1, \cdots, m, j = 1, \cdots, n\}$ とし，$|\Delta| = \max\{x_i - x_{i-1}, y_j - y_{j-1} \mid i = 1, \cdots, m, j = 1, \cdots, n\}$，小長方形 δ_{ij} における関数 f の最大値を M_{ij}，最小値を m_{ij} とすると，$|\Delta| \to 0$ としたとき，$M_{ij} - m_{ij} \le \epsilon \to 0$ とできる. したがって，

$$S_\Delta - s_\Delta = \sum_{i=1}^{m} \sum_{j=1}^{n} (M_{ij} - m_{ij})(x_i - x_{i-1})(y_j - y_{j-1})$$

$$\le \epsilon(b-a)(d-c) \to 0 \quad (|\Delta| \to 0).$$

よって，注 5.6(1) より，f が積分可能となる. □

次の定理にあるように，二重積分は，単積分を繰り返すことによって求められる.

定理 5.5　長方形 $A = [a,b] \times [c,d]$ 上で $f(x,y)$ が連続ならば，

$$\iint_A f(x,y)\mathrm{d}x\mathrm{d}y = \int_c^d \left(\int_a^b f(x,y)\mathrm{d}x \right) \mathrm{d}y$$

$$= \int_a^b \left(\int_c^d f(x,y)\mathrm{d}y \right) \mathrm{d}x. \qquad (5.6)$$

注意 5.7.

(1) (5.6) の最初の等式右辺は，はじめに y を定数とみなして，$f(x,y)$ を x ($a \leq x \leq b$) で積分し，次に，それを，y ($c \leq y \leq d$) で積分している．一方，(5.6) の 2 番目の等式右辺は，はじめに x を定数とみなして，$f(x,y)$ を y ($c \leq y \leq d$) で積分し，次に，それを，x ($a \leq x \leq b$) で積分している．すなわち，$f(x,y)$ が連続であれば，x,y について，どちらを先に使って積分しても，積分値は同じものとなる．

(2) (5.6) の最初と 2 番目の等式右辺は，括弧 ( ) を省略してそれぞれ

$$\int_c^d \int_a^b f(x,y)\mathrm{d}x\mathrm{d}y, \quad \int_a^b \int_c^d f(x,y)\mathrm{d}y\mathrm{d}x.$$

と書く．

【定理 5.5 の証明】 A の分割によってできた小長方形 $\delta_{ij} = [x_{i-1}, x_i] \times [y_{j-1}, y_j]$ ($i = 1, \cdots, m, j = 1, \cdots, n$) における関数 f の最大値を M_{ij}，最小値を m_{ij} とする．このとき，η_j を $y_{j-1} \leq \eta_j \leq y_j$ となる任意の数として，

$$m_{ij} \leq f(x, \eta_j) \leq M_{ij}, \quad x_{i-1} \leq x \leq x_i$$

となるから，

$$m_{ij}(x_i - x_{i-1}) = \int_{x_{i-1}}^{x_i} m_{ij}\mathrm{d}x \leq \int_{x_{i-1}}^{x_i} f(x, \eta_j)\mathrm{d}x$$
$$\leq \int_{x_{i-1}}^{x_i} M_{ij}\mathrm{d}x = M_{ij}(x_i - x_{i-1}).$$

$i = 1, \cdots, m$ について和をとると，定積分の積分区間についての加法性（公式 5.1）により，

$$\sum_{i=1}^m \int_{x_{i-1}}^{x_i} f(x, \eta_j)\mathrm{d}x = \int_a^b f(x, \eta_j)\mathrm{d}x$$

となることから，

$$\sum_{i=1}^m m_{ij}(x_i - x_{i-1}) \leq \int_a^b f(x, \eta_j)\mathrm{d}x \leq \sum_{i=1}^m M_{ij}(x_i - x_{i-1}).$$

184 第 5 章 積分

ここで，$F(y) = \int_a^b f(x,y)\mathrm{d}x$ として，上式の辺々に $(y_j - y_{j-1})$ を掛けて，$j = 1, \cdots, n$ について和をとると，

$$\sum_{j=1}^n \sum_{i=1}^m m_{ij}(x_i - x_{i-1})(y_j - y_{j-1}) \leq \sum_{j=1}^n F(\eta_j)(y_j - y_{j-1})$$
$$\leq \sum_{j=1}^n \sum_{i=1}^m M_{ij}(x_i - x_{i-1})(y_j - y_{j-1}).$$

さらに，ここで，

$$|\Delta| = \max\{x_i - x_{i-1}, y_j - y_{j-1} \mid i = 1, \cdots, m, j = 1, \cdots, n\}$$

として，$|\Delta| \to 0$ とすれば，注意 5.6(1) より，上の不等式の最左辺と最右両辺は，$\iint_A f\mathrm{d}x\mathrm{d}y$ となるから，

$$\iint_A f(x,y)\mathrm{d}x\mathrm{d}y = \int_c^d F(y)\mathrm{d}y = \int_c^d \left(\int_a^b f(x,y)\mathrm{d}x \right) \mathrm{d}y.$$

同様にして，ξ_i を $x_{i-1} \leq \xi_i \leq x_i$ $(i = 1, \cdots, m)$ となる任意の数として，

$$m_{ij} \leq f(\xi_i, y) \leq M_{ij}, \quad y_{j-1} \leq y \leq y_j, \quad j = 1, \cdots, n,$$

となることを用いれば，

$$\iint_A f(x,y)\mathrm{d}x\mathrm{d}y = \int_a^b \left(\int_c^d f(x,y)\mathrm{d}y \right) \mathrm{d}x$$

を得る. □

定義 5.7（**累次積分**）　(5.6) のように二重積分を x に関する単積分と y に関する単積分の合成で表したものを**累次積分**という.

▶**演習 5.6.**　μ_1, μ_2 を任意の実数，σ_1, σ_2 を任意の正の実数，ρ を $\rho \in [-1, 1]$ となる任意の実数として[5]，

---

[5] σ, μ, ρ はギリシャ文字でそれぞれ sigma, mu, rho と読む. ローマ字の s, m, r は，それぞれこれらの文字から派生した文字である.

$$f(x,y) = \frac{1}{2\sigma_1\sigma_2\sqrt{1-\rho^2}} \exp\left\{-\frac{1}{2(1-\rho^2)}\right.$$
$$\left. \times \left[\left(\frac{x-\mu_1}{\sigma_1}\right)^2 - 2\rho\left(\frac{x-\mu_1}{\sigma_1}\right)\left(\frac{y-\mu_2}{\sigma_2}\right) + \left(\frac{y-\mu_2}{\sigma_2}\right)^2\right]\right\}$$

(5.7)

とする. このとき, ρ に適当な数値を入れて, 次の等式が成り立つことを Python で確かめてみよう.

$$\int_{-\infty}^{\infty}\int_{-\infty}^{\infty} f(x,y)\mathrm{d}x\mathrm{d}y = 1.$$

演習 5.6 解答例

```
from sympy import *
var('mu1 mu2 x y rho', real=True)
var('sigma1 sigma2', positive=True)
rho = 0.1 #ここでは, rho=0.1を指定
f = 1/(2*pi*sigma1*sigma2*sqrt(1-rho**2)) \
* exp(-1/(2*(1-rho**2))*(((x-mu1)/sigma1)**2 \
+ 2*rho*(x-mu1)/sigma1*(y-mu2)/sigma2 \
+ ((y-mu2)/sigma2)**2))
# \ は改行しても式が続くことを意味する.
Integration = integrate(f,(x,-oo, oo),(y,-oo, oo)).evalf(1)
print('積分値 =', Integration)
```

積分値 = 1.0   □

5.7　重積分の変数変換 *

　1 変数関数の積分でも, 置換積分を使って積分変数を置換して積分をより容易な形にすることができた. 重積分でも, 積分変数を変換して積分をより容易な形にすることができる. 次の定理は重積分における積分変数の変換方法を述べたものである.

定理 5.6（**重積分の変数変換：一次変換**）　$\alpha, \beta, \gamma, \delta$ を定数として, $(u,v) \mapsto (x,y)$ を次で定義する.

$$\begin{cases} x = \alpha u + \beta v, \\ y = \gamma u + \delta v. \end{cases}$$

(5.8)

ただし,
$$|J| = \alpha\delta - \beta\gamma \neq 0$$
とする[6]. このとき, $A = \{(x,y)\}$ に対して, $A' = \{(u,v)|(\alpha u + \beta v, \gamma u + \delta v) = (x,y) \in A\}$ として, 次が成立する.
$$\iint_A f(x,y)\mathrm{d}x\mathrm{d}y = \iint_{A'} f(\alpha u + \beta v, \gamma u + \delta v)|J|\mathrm{d}u\mathrm{d}v.$$

【証明】 (5.8) を (u,v) について解くと, $J \neq 0$ より,
$$a = \tfrac{1}{|J|}\delta, \qquad b = -\tfrac{1}{|J|}\beta,$$
$$c = -\tfrac{1}{|J|}\gamma, \qquad d = \tfrac{1}{|J|}\alpha$$
として,
$$\begin{cases} u = ax + by, \\ v = cx + dy \end{cases}$$
となる. これより, 図 5.5 のように, (x,y)-平面上の長方形の 4 頂点
$$(x,y),\ (x+h,y),\ (x,y+k),\ (x+h,y+k) \tag{5.9}$$
は,
$$(u,v),\ (u+ah,v+ch),\ (u+bk,v+dk),\ (u+ah+bk,v+ch+dk) \tag{5.10}$$

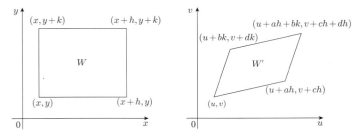

図 5.5 W と W'

---

[6] γ はギリシャ文字で, gamma と読む.

に移され，(5.9) を 4 つの頂点とする (x, y)-平面上の長方形 W は，(5.10) を頂点とする (u, v)-平面上の平行四辺形 W' に移される．このとき，

$$W \text{ の面積} = |hk|, \quad W' \text{の面積} = |hk(ad - bc)| = \frac{1}{|J|}|hk|$$

となっているから，W の面積は W' の面積の $|J|$ 倍となっている．同様にして，A を分割した小長方形

$$\delta_{ij} = [x_{i-1}, x_i] \times [y_{j-1}, y_j], \quad i = 1, 2, \cdots, m, \ j = 1, 2, \cdots, n$$

の面積 $w_{ij} = (x_i - x_{i-1})(y_j - y_{j-1})$ に対して，$\delta'_{ij} = \{(u, v) = (ax + by, cx + dy) | (x, y) \in \delta_{ij}\}$ の面積を w'_{ij} とすると，$w_{ij} = |J|w'_{ij}$ となっている．したがって，任意の $(\xi_i, \eta_j) \in \delta_{ij}$ に対して，$(u_{ij}, v_{ij}) = (a\xi_i + b\eta_j, c\xi_i + d\eta_j)$ として，

$$|\Delta| = \max\{w_{i,j}| \ i = 1, \cdots, m, \ j = 1, \cdots, n\},$$
$$|\Delta'| = \max\{w'_{i,j}| \ i = 1, \cdots, m, \ j = 1, \cdots, n\}$$

とすると，$|\Delta| \to 0$ のとき $|\Delta'| \to 0$ であるから，

$$\iint_A f(x, y)\mathrm{d}x\mathrm{d}y = \lim_{|\Delta| \to 0} \sum_{i=1}^m \sum_{j=1}^n f(\xi_i, \eta_j)w_{ij}$$
$$= \lim_{|\Delta'| \to 0} \sum_{i=1}^m \sum_{j=1}^n f(\alpha u_{ij} + \beta v_{ij}, \gamma u_{ij} + \delta v_{ij})|J|w'_{ij}.$$

上式最右辺は，A' における $f(u, v)|J|$ の (u, v) による積分となるので，題意が成立する． $\square$

定理 5.6 の積分変数の変換は，1 次関数による変数変換であったが，これを一般の関数に拡張すると次の定理 5.7 のとおりとなる．

定理 5.7（**重積分の変数変換**）　$(u, v) \mapsto (x, y)$ となる 2 変数関数が，Φ と Ψ で

$$x = \Phi(u, v),$$
$$y = \Psi(u, v)$$

188   第5章 積分

と与えられているとする[7]．ただし，Φ と Ψ は，u, v で偏微分可能，かつ全ての偏導関数が連続であるとする．また，

$$|J| = \frac{\partial \Phi}{\partial u}\frac{\partial \Psi}{\partial v} - \frac{\partial \Phi}{\partial v}\frac{\partial \Psi}{\partial u} \neq 0$$

として，(u, v) と (x, y) は一対一の対応であるとする．このとき，$A' = \{(u, v) | (\Phi(u, v), \Psi(u, v)) = (x, y) \in A\}$ として，

$$\iint_A f(x, y)\mathrm{d}x\mathrm{d}y = \iint_{A'} f(\Phi(u, v), \Psi(u, v))|J|\mathrm{d}u\mathrm{d}v$$

が成立する．

【証明】 (u, v) と (x, y) は一対一対応であるから，

$$u = \phi(x, y),$$
$$v = \psi(x, y)$$

となる関数 ϕ と ψ が存在する．このとき，テーラー展開（定理 4.6）を適用すれば，4 点

$$(x, y), \ (x + h, y), \ (x, y + k), \ (x + h, y + k) \tag{5.11}$$

は，ϕ, ψ により，近似的に

$$(u, v), \ \left(u + \frac{\partial \phi}{\partial x}h, v + \frac{\partial \psi}{\partial x}h\right), \ \left(u + \frac{\partial \phi}{\partial y}k, v + \frac{\partial \psi}{\partial y}k\right),$$
$$\left(u + \frac{\partial \phi}{\partial x}h + \frac{\partial \phi}{\partial y}k, v + \frac{\partial \psi}{\partial x}h + \frac{\partial \psi}{\partial y}k\right)$$

に移ることがわかる[8]．これは，(u, v)-平面上の平行四辺形の頂点であり，定理 5.6 と比較すると，

$$a = \frac{\partial \phi}{\partial x}, \ b = \frac{\partial \phi}{\partial y}, \ c = \frac{\partial \psi}{\partial x}, \ d = \frac{\partial \psi}{\partial y}$$

に相当する．よって，定理 5.6 の証明から，(5.11) を頂点とする長方形 W と

---

[7] Φ と Ψ はそれぞれ，ギリシャ文字 ϕ と ψ の大文字である．
[8] 近似誤差は，テーラー展開（定理 4.6）により，$o(\|h, k\|)$ である．

5.7 重積分の変数変換 * **189**

$W' = \{(u, v) = (\phi(x, y), \psi(x, y)) | (x, y) \in W\}$ の面積をそれぞれ w と w' とすると,

$$w = (|J| + \epsilon)w', \quad \epsilon \to 0 \,(h, k \to 0)$$

となる. よって, A を分割した小長方形 $\delta_{ij} = [x_{i-1}, x_i] \times [y_{j-1}, y_j]$ の面積 $w_{ij} = (x_i - x_{i-1})(y_j - y_{j-1})$ に対して,

$$\delta'_{ij} = \{(u, v) = (\phi(x, y), \psi(x, y)) | (x, y) \in \delta_{ij}\}$$

の面積を w'_{ij} とすると, $w_{ij} = (|J| + \epsilon_{ij})w'_{ij}$, $\epsilon_{ij} \to 0$, $w'_{ij} \to 0 \,(w_{i,j} \to 0)$ となる. したがって, 任意の $(\xi_i, \eta_j) \in \delta_{ij}$ に対して, $(u_{ij}, v_{ij}) = (\phi(\xi_i, \eta_j), \psi(\xi_i, \eta_j))$ として,

$$|\Delta| = \max\{w_{ij} | i = 1, 2, \cdots, n, \; j = 1, 2, \cdots, m\}$$

とすると,

$$\iint_A f(x, y)\mathrm{d}x\mathrm{d}y = \lim_{|\Delta| \to 0} \sum_{i=1}^{m} \sum_{j=1}^{n} f(\xi_i, \eta_j)w_{ij}$$
$$= \lim_{|\Delta| \to 0} \sum_{i=1}^{m} \sum_{j=1}^{n} f(\Phi(u_{ij}, v_{ij}), \Psi(u_{ij}, v_{ij}))(|J| + \epsilon_{ij})w'_{ij}$$

かつ, $\epsilon_{ij} \to 0$, $w'_{ij} \to 0 (|\Delta| \to 0)$ であるから, 上式最右辺は, A' における $f(u, v)|J|$ の (u, v) による積分となる. □

例 5.6 演習 5.6 の積分を

$$x = \mu_1 + \sigma_1 u,$$
$$y = \mu_2 + \sigma_2 v$$

として変数変換して積分してみよう.

$$|J| = \frac{\partial x}{\partial u}\frac{\partial y}{\partial v} - \frac{\partial x}{\partial v}\frac{\partial y}{\partial u} = \sigma_1 \times \sigma_2 - 0 \times 0 = \sigma_1 \sigma_2$$

かつ,

$$u = \frac{x - \mu_1}{\sigma_1} \to \infty(x \to \infty), \; v = \frac{y - \mu_2}{\sigma_2} \to \infty \,(y \to \infty)$$

190   第 5 章　積分

であるから,

$$
\int_{-\infty}^{\infty} \int_{-\infty}^{\infty} f(x, y) \mathrm{d}x \mathrm{d}y
$$

$$
= \int_{-\infty}^{\infty} \int_{-\infty}^{\infty} f(\mu_1 + \sigma_1 u, \mu_2 + \sigma_2 v) |J| \mathrm{d}u \mathrm{d}v
$$

$$
= \int_{-\infty}^{\infty} \int_{-\infty}^{\infty} \frac{1}{2\sqrt{1-\rho^2}} \exp\left\{ -\frac{1}{2(1-\rho^2)} \left[u^2 - 2\rho u v + v^2 \right] \right\} \mathrm{d}u \mathrm{d}v.
$$

$$(5.12)$$

▶**演習 5.7.**　(5.12) の最右辺を Python で計算して，演習 5.6 の結果と一致しているか確かめてみよう.

演習 5.7 解答例

```
from sympy import *
var('u,v, rho', real=True)
rho = 0.1 # ここでは，演習 5.6に合わせてrho=0.1とした
f = 1/(2*pi*sqrt(1-rho**2)) \
* exp(-1/(2*(1-rho**2))*(u**2+2*rho*u*v+v**2))
Integration = integrate(f,(u,-oo, oo),(v,-oo, oo)).evalf(1)
print('積分値 =', Integration)
```

積分値 = 1.0   □

5.8　マーケティングへの応用：広告効果の分析 (2)

　本章冒頭のケースを分析してみよう. 新商品マシュマロリップの広告戦略の立案にあたり, SNS 広告から 3,000 本の販売にいたる広告掲載日数を算定したかった. アクセス数の推移は, 以下の式 (5.13) で示されることがわかっていた. またホームページへのアクセスから商品購入に至る確率が 2%であった.

$$
f(x) = -1132.69 \log(x) + 9287.42. \tag{5.13}
$$

　まずは累計アクセス数を求めてみよう. これは 1 日のアクセス数の (5.13) 式を積分することによって求められる (図 5.6). したがって累計アクセス数は以下の通りである. 掲載日数を x, 累計アクセス数を y とおくと,

$$\text{累計アクセス数 } y = \int_1^x f(t)\mathrm{d}t$$
$$= -1132.69x\log(x) + 10420.11x - 10420.11.$$

累積アクセス数の 2% が販売に繋がるため，これが $3{,}000$ 本を超える x を求めればよい．

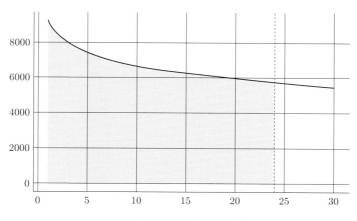

図 5.6 累計アクセスと積分

したがって以下の不等式を解く．

$$0.02y > 3000$$
$$\iff 0.02(-1132.69x\log(x) + 10420.11x - 10420.11) > 3000.$$

この不等式を解くと，$x = 24$ のときに $3{,}000$ 本を超えることがわかる．つまり，24 日間広告を掲載すれば，新商品の目標販売本数に到達することがわかる．なお，不等式は対数関数を含むため手計算で求めるのは困難だが，Python や Excel などを活用することで早く算定することができる．

問 5.7 (5.13) 式に基づき，広告掲載から 24 日後の累計アクセス数および予想販売本数を Python を使って算定せよ．

5.9 統計学への応用

あらかじめ結果のわかっていない実験や観測のことを**試行**といい，試行の

結果に対応して値の定まる変数を**確率変数**という．確率変数は，慣例的に大文字の X で表わされることが多い．例えば，区間 $[0,1]$ から任意の数値をランダムに取り出す試行を考えた場合，確率変数 X に取り出された数値を対応させるのが自然である．すなわち，0.5 という数値が取り出されたとしたら，$X = 0.5$ とする．このように，確率変数に対して試行の結果与えられた数値を確率変数の**実現値**という．先の例では，X の実現値は，0.5 ということになる．

確率変数の実現値のとり得る値の範囲の確率を考えたとき，一般に，$a \leq X \leq b$ となる確率は，$\Pr[a \leq X \leq b]$ と表わされる．先の例において，$[0,1]$ の任意の値が同様の確からしさで取り出されるとするならば，$0 \leq a < b \leq 1$ として，$\Pr[a \leq X \leq b] = b - a$ とするのが自然である．このことは，図 5.7 のように，(x,y)-平面上において $x \in [0,1]$ 上で高さ $y = f(x) = 1$ という矩形のグラフを考えたとき，$\Pr[a \leq X \leq b]$ は，2 直線 $x = a$, $x = b$ と x 軸および $y = 1$ で囲まれた矩形の面積に対応していると考えることができる．したがって，この場合，

$$\Pr[a \leq X \leq b] = \int_a^b f(x)\mathrm{d}x = \int_a^b \mathrm{d}x = b - a, \quad 0 \leq a < b \leq 1 \quad (5.14)$$

と表わすことができる．一般に，確率変数 X の実現値のとり得る値の範囲の確率が (5.14) で与えられるとき，X は $[0,1]$-**一様分布**に従うという．

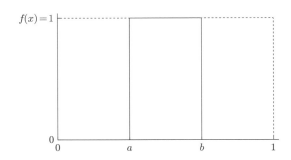

図 5.7 $[0,1]$-一様分布の確率密度関数 $f(x)$ のグラフ

一様分布のように，確率変数 X の実現値 x の起こりやすさを関数 $f(x)$ で表わして，実現値のとり得る範囲の確率が，

$$\Pr[a \leq X \leq b] = \int_a^b f(x)\mathrm{d}x$$

と与えられるとき，関数 f を X の**確率密度関数**という．

確率・統計でもっとも使われる確率密度関数は，μ を定数，σ を正の定数とする

$$f(x) = \frac{1}{\sqrt{2\pi}\sigma} e^{-\frac{(x-\mu)^2}{2\sigma^2}}, \quad -\infty < x < \infty \tag{5.15}$$

である．確率変数 X の確率密度関数が (5.15) で与えられるとき，X は平均 μ，分散 σ^2 の**正規分布**に従うといい，特に平均 $\mu = 0$，分散 $\sigma^2 = 1$ の正規分布を**標準正規分布**という．

正規分布の確率密度関数のグラフ（図 5.8）は，平均 μ を中心として，左右対称であり，平均 μ のところで最も $f(x)$ の値が大きく，平均から離れるにしたがって，その値が小さくなっていく釣り鐘型の形状をしている．

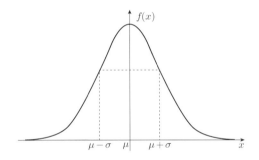

図 **5.8** 正規分布の確率密度関数

問 **5.8** a, b と μ を任意の実数，σ を任意の正の実数として次の等式が成立することを確認せよ．

$$\int_a^b \frac{1}{\sqrt{2\pi}\sigma} e^{-\frac{(x-\mu)^2}{2\sigma^2}} dx = \int_{\frac{a-\mu}{\sigma}}^{\frac{b-\mu}{\sigma}} \frac{1}{\sqrt{2\pi}} e^{-\frac{z^2}{2}} dz. \tag{5.16}$$

! **注意 5.8.** (5.15) より，(5.16) の左辺の被積分関数は，平均 μ，分散 σ^2 の正規分布の確率密度関数である．一方，(5.16) の右辺の被積分関数は，標準正規分布の確率密度関数である．(5.16) は，X を平均 μ，分散 σ^2 の正規分布に従う確率変数としたとき，$Z = \frac{X-\mu}{\sigma}$ とすると，Z は標準正規分布に従うことを示している．この X から Z への変換を**正規分布の標準化**という．

▶ **演習 5.8.** X を平均 μ，分散 σ^2 の正規分布に従う確率変数とし，f をそ

194   第5章 積分

の確率密度関数とする．すなわち，

$$f(x) = \frac{1}{\sqrt{2\pi}\sigma}\mathrm{e}^{-\frac{(x-\mu)^2}{2\sigma^2}}$$

とする．このとき，

$$\Pr[-\infty < X < \infty] = \int_{-\infty}^{\infty} f(x)\mathrm{d}x = 1$$

となることを Python で確かめてみよう．

演習 5.8 解答例

```
from sympy import *
var('mu x')
var('sigma', positive=True) # sigma は正値を指定
f = 1/(sqrt(2*pi)*sigma) * exp(-1/2*((x-mu)/sigma)**2)
Integration = integrate(f, (x, -oo, oo)).evalf(1)
#.evalf(1)  で浮動小数点，小数点第1位で表示
print('積分値 =', Integration)
```

積分値 = 1.

□

問 5.9 f を平均 μ，分散 σ^2 の正規分布の確率密度関数とする．すなわち，

$$f(x) = \frac{1}{\sqrt{2\pi}\sigma}\mathrm{e}^{-\frac{(x-\mu)^2}{2\sigma^2}}$$

とする．このとき，次を示せ．

(1) $\dfrac{\mathrm{d}f(x)}{\mathrm{d}x} = -\dfrac{(x-\mu)}{\sigma^2}f(x).$

(2) $\displaystyle\int_{-\infty}^{\infty} xf(x)\mathrm{d}x = \mu.$

(3) $\displaystyle\int_{-\infty}^{\infty} (x-\mu)^2 f(x)\mathrm{d}x = \sigma^2.$

ただし，(2) と (3) では，$\displaystyle\int_{-\infty}^{\infty} f(x)\mathrm{d}x = 1$ を既知として用いてよい（演習 5.8 参照）．

注意 5.9. 一般に，確率変数 X の確率密度関数 f があるとき，$\int_{-\infty}^{\infty} xf(x)\mathrm{d}x$

を，X の**平均**という．また，μ を X の**平均**としたとき，$\int_{-\infty}^{\infty}(x-\mu)^2 f(x)\mathrm{d}x$ を，X の**分散**という[9]．すなわち，問 5.9(2) と (3) では，μ が正規分布の平均で σ^2 がその分散であることを示している．

X と Y を確率変数としたとき，

$$\mathrm{Pr}[a < X \le b, c < Y \le d] = \int_a^b \int_c^d f(x,y)\mathrm{d}x\mathrm{d}y$$

となる 2 変数関数 $f(x,y)$ があるとき，$f(x,y)$ を (X,Y) の**同時確率密度関数**という．これは，1 変数の確率密度関数を 2 変数へ一般化したものである．

(X,Y) の同時確率密度関数が (5.7) の被積分関数で与えられるとき，すなわち，

$$f(x,y) = \frac{1}{2\sigma_1\sigma_2\sqrt{1-\rho^2}}\exp\left\{-\frac{1}{2(1-\rho^2)}\right.$$
$$\left.\times\left[\left(\frac{x-\mu_1}{\sigma_1}\right)^2 - 2\rho\left(\frac{x-\mu_1}{\sigma_1}\right)\left(\frac{y-\mu_2}{\sigma_2}\right) + \left(\frac{y-\mu_2}{\sigma_2}\right)^2\right]\right\}$$

となるとき，(X,Y) は，(X,Y) の平均が (μ_1,μ_2)，分散が (σ_1^2,σ_2^2)，X と Y の相関係数が ρ の **2 変量正規分布**に従うという．

! **注意 5.10.** (5.12) 最右辺の被積分関数と (5.7) の確率密度関数を比較すると，(5.12) 最右辺の被積分関数は，平均が 0，分散が 1 で，互いの相関係数が ρ の 2 変量正規分布の確率密度関数となっている．すなわち，$U = \frac{X-\mu_1}{\sigma_1}$，$V = \frac{Y-\mu_2}{\sigma_2}$ として，変数変換すると，(U,V) は，それぞれの平均が 0，分散が 1，互いの相関係数が ρ の 2 変量標準正規分布に従うことになる．これは，1 変量の正規分布の標準化を一般化したものである．

◆練習問題◆

1 λ を正の実定数とする．次の積分を計算せよ[10]．

(1) $\displaystyle\int_0^\infty \lambda \mathrm{e}^{-\lambda x}\mathrm{d}x.$

(2) $\displaystyle\int_0^\infty x\lambda \mathrm{e}^{-\lambda x}\mathrm{d}x.$

---

[9] 詳細は，岩城 (2023) 参照．

[10] (1) の被積分関数は，パラメータ λ の**指数分布**と呼ばれる確率分布の確率密度関数である．この確率分布は，ランダムに事象が生起するときの，生起間隔時間の確率分布を表わしている．

196 第 5 章 積分

(3) $\displaystyle\int_0^\infty x^2 \lambda \mathrm{e}^{-\lambda x}\mathrm{d}x.$

2 $g(x,y) = \dfrac{1}{\sqrt{3}\pi}\exp\left(\dfrac{-2}{3}\left(x^2 - xy + y^2\right)\right)$ とする．次の積分を Python を用いて計算せよ．

(1) $\displaystyle\iint_{\mathbb{R}^2} xg(x,y)\mathrm{d}x\mathrm{d}y.$

(2) $\displaystyle\iint_{\mathbb{R}^2} x^2 g(x,y)\mathrm{d}x\mathrm{d}y.$

(3) $\displaystyle\iint_{\mathbb{R}^2} xyg(x,y)\mathrm{d}x\mathrm{d}y.$

3 $f(x,y) = \dfrac{1}{4\sqrt{3}\pi}\exp\left(\dfrac{-1}{6}\left((x-1)^2 - (x-1)(y-1) + (y-1)^2\right)\right)$ とする．
$x = 1 + 2u, y = 1 + 2v$ と変数変換した上で，Python で次の積分を計算せよ．

(1) $\displaystyle\iint_{\mathbb{R}^2} xf(x,y)\mathrm{d}x\mathrm{d}y.$

(2) $\displaystyle\iint_{\mathbb{R}^2} (x-1)^2 g(x,y)\mathrm{d}x\mathrm{d}y.$

(3) $\displaystyle\iint_{\mathbb{R}^2} \dfrac{(x-1)(y-1)}{4} f(x,y)\mathrm{d}x\mathrm{d}y.$

付録
Python基本操作：起動〜終了

　本章では，Pythonの起動からはじめて，電卓代わりにPythonを使った後，終了するまでの手順を説明する．本書では，操作の容易さと使用者の環境に依存しないということからMicrosoft EdgeやGoogle chromeなどの各種webブラウザー上でGoogle Colaboratory (https://colab.research.google.com) を用いてPythonスクリプトを実行していく．

A.1　起動

Google Colaboratory
https://colab.research.google.com/?utm_source=scs-index#
にアクセスし，ページ左下の「＋ノートブックを新規作成」の文字をクリックする．

　▶横のプロンプト｜が点滅しているので，ここのスクリプトを記入していく（図A.1参照）．

図A.1　新規ノートブック

A.2 Pythonによる数式処理

入力待ちプロンプトの後に，Python に実際に処理させるコマンド（命令）をキーボードから入力していく．試しにここでは，電卓代わりに Python を使ってみる．

和，差，積，商は，一般の表計算ソフトウェアなどと同様で，それぞれ，

$$+, \quad -, \quad *, \quad /,$$

を入力して行う．ただし，べき乗は，**を入力する．

例えば，1 + 2 を計算するのであれば，キーボードから，入力プロンプトに続けて，1 + 2 と打ち込む．

入力後，▶をクリックするかキーボードの Shift キーを押しながら Enter キーを押す．すると実際に処理が行われる．実行後の画面には，図 A.2 のように結果が表示される．

図 A.2 ノートブックでの演算結果

Python 操作法 A.1 （変数）

Python では，表 A.1 の**予約語**を除く任意の英数字からなる語に特定の文字や数，式などを割り当てて用いることができる．例えば，a に 5 を割り当てるのであれば，

```
a=5
```

とする．Python では，割り当てられる語を**変数**と呼んでいる．この例では，変数 a に数 5 を割り当てている．一般に，Python で変数 x に，y を割り当てるには，

```
x=y
```

とする．ただし，y が文字あるいは文字列の場合には，

x='y' あるいは　x="y"

とする．すなわち，Python は，A と文字 A を区別する．単に A とすると，A は変数として認識されるのに対して，'A' とすると，文字 A として認識される．　　　　　　　　　　　　　　　　　　　　　　　　　　　　　　　　■

表 A.1　予約語[1]

'False'	'None'	'True'	'__peg_parser__'	'and'	'as'
'assert'	'async'	'await'	'break'	'class'	'continue'
'def'	'del'	'elif'	'else'	'except'	'finally'
'for'	'from'	'global'	'if'	'import'	'in'
'is'	'lambda'	'nonlocal'	'not'	'or'	'pass'
'raise'	'return'	'try'	'while'	'with'	'yield'

次に，変数を a と b として，a と b にそれぞれ，2 と 3 を割り当てた上で，a-b の計算を Python にさせてみよう．入出力結果は，次のとおりである．

```
a = 2;  b = 3; a - b
```

-1

いまの例では，入力で，a=2; b=3; a-b を続けて一行に入力した．このように，処理させる複数のコマンドをコマンドごとにセミコロン; で区切って入力することができる．また，この入力例からわかるように，入力中に入れた半角の空白は無視される．ただし，全角の空白は文字とみなされてエラーとなってしまう．また，後述する特定の場合を除いて文字列最初に空白を入

---

[1] 予約語は Python のバージョンによって異なる．予約語をリストアップするには，Python に
```
keyword.kwlist
```
と入力して実行すれば良い．

200　　付録　Python 基本操作：起動〜終了

れるエラーとなるので注意が必要である.

Python 操作法 A.2 （del と reset）

変数に割り当てた定義をリセットするには,

```
del 変数名
```

と入力する. すべてリセットして初期状態に戻すには,

```
%reset
```

と入力する. すると,

```
Once deleted, variables cannot be recovered.
Proceed (y/[n])?
```

と聞かれるので, y を入力すると, すべての変数が未入力状態になる. ■

　例えば, 先に定義した変数 a をリセットして, a-b の結果を表示させると次のようになる. 要は, a が未定義なため, エラーとなっている.

```
del a; a-b
```

```
---------------------------------------------------------
NameError                   Traceback (most recent call last)
Cell In[2], line 1
----> 1 del a; a-b

NameError: name 'a' is not defined
```

Python 操作法 A.3 （コメント）

入力行において,

```
#○○○
```

と書くと Python は○○○と書いた 1 行を無視する. すなわち, #はコメントを書くときに用いられる. ■

次に，次のように入力して，乗算 3×4，除算 $4/5$，べき乗 5^2 と $5^{\frac{1}{2}}$ の計算をやってみよう．

```
# 乗算, 除算, べき乗
3*4
```

12

```
4/5
```

0.8

```
5**2
```

25

```
5**(1/2)
```

2.23606797749979

ここで，注意して欲しいのは，割り算などを行った場合，結果が浮動小数となることである．また，$5^{\frac{1}{2}}$ は，無理数であるが，デフォルトでは，15桁まで表示される．この表示桁数の変更には，次の round を用いる．

Python 操作法 A.4 数値を丸める（round）

```
round(数値, 桁数)
```

とすると，対象の数値を，指定した桁数に丸める．この際，桁数 $= n$ とすると，10^{-n} の倍数の中で最も近い偶数に丸められる．桁数に 0 を指定したり，省略したりしたときには「元の値に最も近い整数」を返す． ■

> ⚠️ **注意 A.1.** round を使う際の注意点は，四捨五入ではなく，同桁数で最も近い値が 2 つある場合には，偶数に丸められるということである．例えば
>
> ```
> round(1.5)
> ```
>
> とすると，1.5 に最も近い整数として「1」と「2」の 2 つがあるが，この場合，偶数の 2 を返す．同様に
>
> ```
> print(2.5)
> ```
>
> とすると，2.5 に最も近い整数は「2」と「3」であるので偶数の 2 を返す．

202 付録　Python 基本操作：起動〜終了

Python 操作法 A.5 （関数）

　Python では，いくつかの変数を未定のものとして，これらの変数にある規則や式を対応させた処理を行うものを**関数**といい，関数に名前を付けて用いることが出来る[2]．このとき，未定の変数を**引数**，関数に付けた名前を**関数名**と呼んでいる．例えば，引数 a と b に式 a + b を割り当てる関数に関数名 addition を付けるのであれば，

```
def addition(a, b):
return a + b
```

とする．このあと，addition(3, 2) と入力すると，5 が出力される．すなわち，Python では，

```
def 関数名 (引数 1,引数 2,...):
    引数 1,引数 2,...に対応させる式や規則の途中処理
    引数 1,引数 2,...に対応させる式や規則の途中処理
    ...
    return 引数 1,引数 2,...に対応させる式や規則の最終処理
```

として関数を定義する．この後，引数 1, 引数 2, ... に具体的な数や文字などを入れて

```
関数名 (引数 1,引数 2,...)
```

と入力して実行すると，引数 1, 引数 2, ... に指定した数や文字などを入れて計算した関数の値が出力される．　　　　　　　　　　　　　　■

Python 操作法 A.6 （リスト list）

　数，文字，式などをひとまとめにして列挙したものを**リスト**，より一般的には**配列**と呼んでいる．リストを作るには，リストを構成する要素を順番にカンマ, で区切って入力し，リスト全体を，[ ] で括ればよい．例えば，

```
["a","b","c"]
```

---

　[2] 数学における関数の定義は，定義 2.1 を参照.

A.2 Python による数式処理　　*203*

とすると，第一番目の要素が文字 a，第二番目の要素が文字 b，第三番目の
要素が文字 c のリストとなる．このように文字列のリストでは，各文字列を
""で囲む必要がある．また，[1,2,3] とすると，第一番目の要素が数 1，第
二番目の要素が数 2，第三番目の要素が数 3 のリストとなる．これは，数列
$\{1, 2, 3\}$ とも解釈できる．

　リストの構成要素には，リストをとることもできる．例えば，

```
[["a","b","c"],[1,2,3,4,5]]
```

とすると，第一番目の要素がリスト ["a","b","c"]，第二番目の要素がリス
ト [1,2,3,4,5] というリストとなる．　　　　　　　　　　　　　　■

Python 操作法 A.7 （リストのインデックスとスライシング）

1. リストから各要素を取得するには，**インデックス**（要素の順番）を [イ
   ンデックス] で指定する．ここで，注意しなければならないのは，イン
   デックスは，0 から始まるということである．すなわち，listA という名
   前のついたリストの最初の要素を取得するには，listA[0] と記述する．
2. インデックスは後ろからも指定することもできる．その場合は，最後か
   ら順に $-1, -2, -3$ と指定していく．
3. インデックスは，[開始値:終了値] というように，開始値と終了値を：
   （コロン）で区切って範囲指定することもできる．これを**スライシング**と
   いう．ただし，範囲には終了値に指定された値は含まれず，終了値 -1
   までになる．

   　また開始値，終了値を省略することができ，開始値が省略された場合
   は 0 番目からの指定となり，終了値が省略された場合は最後までの指定
   になる．

   　インデックスは後ろからも範囲指定することができる．
4. スライシングでは，[開始値:終了値:ステップ数] のようにステップ数を
   指定することにより，要素を何個ごとに取得するかを指定することがで
   きる．
5. リストは一度作成した後に各要素を変更することができる．変更するに
   は，インデックスを指定して取得した要素に対して新しい要素を代入す

ればよい. ∎

例 A.1 （スライシング）

```
# list1 という変数名のリストを作成
list1 = [10, 20, 30, 40, 50, 60, 70, 80, 90, 100]
# リストlist1 の最初(0番目)を取得
list1[0]
```

10

```
# リストlist1 の 3 番目の要素 40 を取得
list1[3]
```

40

```
# リストlist1 の最後の値を取得
list1[-1]
```

100

```
# リストlist1 の 2 番目から 4 番目の要素までを取得
# 終了値に指定されたインデックス 5の値が含まれないことに注意
list1[2:5]
```

[30, 40, 50]

```
# リストlist1 の 0 番目の要素から 4 番目の要素までを取得
list1[:5]
```

[10, 20, 30, 40, 50]

```
# リストlist1 の 4 番目から最後の要素までを取得
list1[4:]
```

[50, 60, 70, 80, 90, 100]

```
# 最後のから 5番目の要素から最後から 1番目の要素までを取得
list1[-5:-1]
```

[60, 70, 80, 90]

```
# 1番目から 8番目までの範囲の要素から，ステップ数に 2を指定
して， 2個おきに要素を取得
```

A.2 Python による数式処理 **205**

```
list1[1:9:2]
```

```
[20, 40, 60, 80]
```

```
# リストlist1 の 0 番目の要素 10 を 1 に変更
list1[0]=1
list1
```

```
[1, 20, 30, 40, 50, 60, 70, 80, 90, 100]
```

Python 操作法 A.8 （リスト長を求める len）

リストの要素数（**長さと呼ぶ**）を求めるには，len(リスト) とする． ■

例 A.2 （リスト長を求める len）

```
list1=[1, 20, 40, 50, 60, 70, 80, 90, 100,110]
len(list1)
```

10

Python 操作法 A.9 （等間隔の数のリストを作る range）

等間隔の数のリスト[3]を作成するには，range を用いる．

```
range(開始値, 終了値 ,ステップ数)
```

これは，開始値から終了値までの間，開始値に順番にステップ数を足していった数のリストを作る．開始値，ステップ数は省略することも可能で，省略した場合は，開始値は 1，ステップ数は 1 とみなされる． ■

例 A.3 （range）

```
list2 = list(range(1,11,1))
list2
```

```
[1, 2, 3, 4, 5, 6, 7, 8, 9, 10]
```

---

[3] これは，第 1 章で学習する初項 = 開始，公差 = ステップ数の等差数列とみなせる．

```
list3 = list(range(10))
list3
```

```
[1, 2, 3, 4, 5, 6, 7, 8, 9, 10]
```

```
list4 = list(range(1,20,3))
list4
```

```
[1, 4, 7, 10, 13, 16, 19]
```

```
list5 =  list(range(10,1,-1))
list5
```

```
[10, 9, 8, 7, 6, 5, 4, 3, 2]
```

Python 操作法 A.10 （print）

Python は複数のコマンドを処理すると，最終結果のみ表示する．入力した一つひとつの処理や変数の値や文字列を表示させるには，

```
print(処理 1,処理 2,...)
print(変数)
print('文字列')
```

などとする．　　　　　　　　　　　　　　　　　　　　　　　■

A.3　保存と終了

Python は，電卓代わりに使われるだけでなく，様々な数式処理を行える．どのようなことが行えるかは，第 1 章以降，順次説明していくとして，この後，ここでは，終了，入力結果の保存と読み込みについて説明する．

「ファイル」メニューをクリックした後，「保存」をクリックすると，Google Colaboratry 内に作成したスクリプトが保存される．また，「ファイル」メニュー内のダウンロードをクリックすれば，ipynb か py 形式で自分の PC 内に保存できる．なお，ファイル名はデフォルトでは，Untitled.ipynb なので，保存前に「ファイル」メニュー内の「名前の変更」をクリックすれば，ファイル名を任意のものに変更して保存できる．

A.4　保存ファイルの読み込み

Google Colaboratry 内に保存したファイルを読み込むには，

`https://colab.research.google.com/?utm_source=scs-index`

にアクセスすると，保存されているスクリプト（ノートブック）がリスト・アップされるので，この中から使用するものをクリックすれば良い．また，PC 内に保存しているのであれば，

`https://colab.research.google.com/?utm_source=scs-index`

にアクセスした後，アップロードと書いてあるところクリックすれば，PC 内のスクリプトをアップロードして使うことができる．

　読み込んだスクリプトの実行は，▶ をクリックするか当該行をクリックした後で，キーボードの Enter を押す．

A.5　マニュアルとリンク

Python ドキュメント

`https://docs.python.org/ja/3/`

SymPy　ドキュメント

`https://docs.sympy.org/latest/index.html`

参考書籍

　本書の執筆にあたり，次の書籍を参考にした．[4] は本書と同レベルの内容を分かりやすく解説している演習書である．[5–7] は，本書を読み終えた後にさらに深化した学習を進めるための書籍で名著と言われるものである．

[1] 青木 利夫，吉原 健一「微分積分学要論 改訂版」培風館 1986.

[2] 岩城 秀樹「Maxima で学ぶ経済・ファイナンス基礎数学」共立出版 2012.

[3] 岩城 秀樹「データ分析入門：Excel で学ぶ統計」共立出版 2023.

[4] 小寺 平治「これでわかった！　微分積分演習」共立出版 2011.

[5] 杉原 光夫「解析入門 1（基礎数学 2）」東京大学出版会 1980.

[6] 杉浦 光夫，清水 英男，金子　晃，岡本 和夫「解析演習（基礎数学 7)」東京大学出版会 1989.

[7] 高木 貞治「定本 解析概論」岩波書店 2010.

索　引

Python

abs　64
del　200
display　6
len　205
list　203
print　206
range　205
reset　200
round　201
sympy　4
sympy.Derivative　142
sympy.diff　95, 103, 142
sympy.E　24, 77
sympy.exp　77
sympy.factor　11
sympy.floor　71
sympy.integrate　168
sympy.limit　24, 69, 71
sympy.log　77
sympy.N　24
sympy.plot　18, 61
sympy.Rational　6
sympy.SeqFormula　5
sympy.series　123
sympy.simplify　11
sympy.Sum　11
sympy.summation　11
sympy plot backends　18
.doit()　142
.evalf()　24
.extend　63
.formula　5
.show()　63
.subs　107

予約語　199

操作法

操作法 1.1（sympy ライブラリ）　4
操作法 1.2（数列の作成
　sympy.SeqFormula）　5
操作法 1.3（（処理結果の表示 display）
　6
操作法 1.4（有理数（分数）の生成
　sympy.Rational）　6
操作法 1.5（数列の和 sympy.summation
　と sympy.Sum）　11
操作法 1.6（数列の和 sympy.simplify と
　sympy.factior）　11
操作法 1.7（点列グラフの作成 sympy.plot
　と sympy plot backends）　18
操作法 1.8（極限とネイピア数）　24
操作法 1.9 浮動小数表示にする sympy.N
　と.evalf() メソド）　24
操作法 2.1（sympy.plot を使った関数グ
　ラフ）　61
操作法 2.2（グラフの重ね合わせ）　63
操作法 2.3（絶対値 abs）　64
操作法 2.4（関数の極限）　69
操作法 2.5（左右極限と abs, fix）　71
操作法 2.6（指数関数と対数関数）　77
操作法 3.1（導関数）　95
操作法 3.2（第 n 次導関数）　103
操作法 3.3（記号代入.subs メソド）　107
操作法 3.4（テーラー展開）　123
操作法 4.1（高次偏導関数）　142
操作法 5.1（不定積分と定積分）　168
操作法 A.1（変数）　199
操作法 A.10（print）　206
操作法 A.2（del と reset）　200
操作法 A.3（コメント）　200

212　索　引

操作法 A.4 数値を丸める（round）　201
操作法 A.5（関数）　202
操作法 A.6（リスト）　203
操作法 A.7（リストのインデックスとスラ
　イシング）　204
操作法 A.8（リスト長を求める len）　205
操作法 A.9（range）　205

D

DCF 法　48

エ

永続価値　54

オ

凹関数　118

カ

関数　58
　凹関数　118
　逆関数　63
　狭義減少関数　62
　狭義増加関数　62
　極限　66, 135
　極値　105
　原始関数　166
　減少関数　62
　高位の無限小　145
　効用関数　156
　指数関数　76
　自然対数関数　76
　収束　66
　従属変数　58
　像　58
　増加関数　62
　対数関数　76
　値域　58
　定義域　58
　導関数　94
　独立変数　58
　凸関数　118
　2 変数関数　134
　被積分関数　162
　左極限　70
　右極限　70
　無限小　89, 145
　有理関数　59

　有理整関数　59
　連続　136
　連続関数　72

キ

企業価値評価　52
逆関数　63
級数　34
　収束　34
　等比級数　34
　発散　34
　無限級数　34
　和　34
極限　20, 66, 135
　極限値　20
　左極限　70
　不定形の極限　112
　右極限　70
極値　105
　極小値　105
　極大値　105

ク

区間　62
　開区間　62
　半開区間　62
　閉区間　62
グラフ　60

ケ

限界代々率　156
現在価値　41

コ

効用　156
　限界効用　156

サ

債券　45
　クーポン債　45
　利付債　45
　割引債　45

シ

指数関数　76
指数分布　196
収束　20, 66
正味現在価値　48

将来価値　41

ス

数列　2
　一般項　2
　極限　20
　極限値　20
　減少数列　15
　収束　20
　初項　2
　振動　25
　増加数列　15
　単調数列　15
　等差数列　3
　等比数列　7
　発散　25
　不確定　25
　部分和　34

セ

整式　59
積分法　160
　積分変数　162
　区間分割　161
　原始関数　166
　広義積分　176
　重積分　181
　積分　181
　積分可能　162, 181
　積分する　167
　積分定数　167
　単積分　182
　置換積分　171, 172
　定積分　162
　被積分関数　162
　不定積分　167
　不定積分する　167
　部分積分　174
　累次積分　184
接線　91
設備投資（の意思決定）　48
全微分　147
　全微分可能　145

タ

対数関数　76
　自然対数　76

多項式　59

テ

テーラー (Taylor) 展開　123, 152
デュレーション　129

ト

導関数　94
　第 n 次導関数　102
　偏導関数　141
等差数列　3
　公差　3
等比数列　7
　公比　7
凸関数　118

ネ

ネイピア (Napier) 数　24

ヒ

微分法　88
　逆関数の微分法　101
　合成関数の微分法　98
　第 n 次導関数　102
　対数微分法　100
　導関数　94
　微分　96
　微分可能　91, 145
　微分係数　91
　微分する　94

フ

複利　39
　半年複利　40
　複利法　39
　連続複利　41
　連続複利利子率　84
分割　161
分数式　59

ヘ

平均値の定理　110
　コーシー (Cauchy) の平均値の定理
　　111
偏微分法　134
　偏導関数　140, 141
　偏微分　140
　偏微分可能　139

214 索 引

偏微分係数　138

マ

マクローリン (Maclaurin) 展開　123

ム

無限小　89
　高位の無限小　89

無差別曲線　156

ロ

ロピタル (L'Hospital) の定理　112
ロル (Rolle) の定理　108

ワ

割引率　41

Memorandum

〈著者紹介〉

岩城秀樹（いわき　ひでき）
1999 年　一橋大学大学院商学研究科博士後期課程中退
現　　在　東京理科大学経営学部教授，博士（経済学），博士（経営工学）
専　　門　ファイナンス
主　　著　『確率解析とファイナンス』（共立出版，2008 年），
　　　　　『Maxima で学ぶ経済・ファイナンス基礎数学』（共立出版，2012 年），
　　　　　『データ分析入門—Excel で学ぶ統計』（共立出版，2023 年）

岩澤佳太（いわさわ　けいた）
2021 年　慶應義塾大学大学院商学研究科 修了
現　　在　東京理科大学経営学部准教授，博士（商学）
専　　門　管理会計，原価計算
主　　著　『日本的管理会計の変容』（共著，中央経済社，2021 年）

経営に活かす微分積分
〜基礎から Python を用いた応用まで〜
Calculus for Business
Administration
〜From basics to applications with
Python〜

2025 年 4 月 20 日　初版 1 刷発行

著　者　岩城秀樹・岩澤佳太　ⓒ 2025

発行者　南條光章

発行所　共立出版株式会社
　　　　〒112–0006
　　　　東京都文京区小日向 4-6-19
　　　　電話　03-3947-2511（代表）
　　　　振替口座　00110-2-57035
　　　　URL　www.kyoritsu-pub.co.jp

印　刷　藤原印刷
製　本

検印廃止
NDC 413.3
ISBN 978-4-320-11581-1

一般社団法人
自然科学書協会
会員

Printed in Japan

JCOPY　〈出版者著作権管理機構委託出版物〉
本書の無断複製は著作権法上での例外を除き禁じられています．複製される場合は，そのつど事前に，出版者著作権管理機構（TEL：03-5244-5088，FAX：03-5244-5089，e-mail：info@jcopy.or.jp）の許諾を得てください．